ABC DA RELATIVIDADE

BERTRAND Russell
ABC DA RELATIVIDADE

TRADUÇÃO: MARIA LUIZA X. DE A. BORGES
PREFÁCIOS: ALEXANDRE CHERMAN E FELIX PIRANI
INTRODUÇÃO: PETER CLARK

2ª edição

Editora
Nova
Fronteira

Título original: *ABC of Relativity*

© 2009 The Bertrand Russell Peace Foundation Ltd
Introdução © 1997 Peter Clark.
Todos os direitos reservados. Tradução autorizada da edição em inglês publicada pela Routledge, membro do Taylor & Francis Group, copirraite de The Bertrand Russell Peace Foundation.

Direitos de edição da obra em língua portuguesa no Brasil adquiridos pela EDITORA NOVA FRONTEIRA PARTICIPAÇÕES S.A. Todos os direitos reservados. Nenhuma parte desta obra pode ser apropriada e estocada em sistema de banco de dados ou processo similar, em qualquer forma ou meio, seja eletrônico, de fotocópia, gravação etc., sem a permissão do detentor do copirraite.

EDITORA NOVA FRONTEIRA PARTICIPAÇÕES S.A.
Av. Rio Branco, 115 – Salas 1201 a 1205 – Centro – 20040-004
Rio de Janeiro – RJ – Brasil
Tel.: (21) 3882-8200

Imagem de capa: Shutterstock_By Mei Zendra

Dados Internacionais de Catalogação na Publicação (CIP)

R961a Russell, Bertrand

    ABC da relatividade/ Bertrand Russell; traduzido por Maria Luiza X. de A. Borges. – 2.ed. – Rio de Janeiro: Nova Fronteira, 2023.

    Título original: *ABC of Relativity*

    ISBN: 978-65-5640-594-0

    1. Literatura inglesa–física. I. Borges, Maria Luiza X. de A. II. Título.

CDD: 823
CDU: 821.111

CONHEÇA OUTROS LIVROS DA EDITORA:

André Queiroz – CRB-4/2242

Sumário

Prefácio à edição brasileira — Alexandre Cherman................... 7
Prefácio — Felix Pirani... 11
Introdução — Peter Clark.. 13

1 — Tato e visão: a Terra e o céu... 23
2 — O que acontece e o que é observado................................. 30
3 — A velocidade da luz... 38
4 — Relógios e réguas.. 46
5 — Espaço-tempo.. 54
6 — A teoria da relatividade especial...................................... 61
7 — Intervalos no espaço-tempo.. 72
8 — A lei da gravitação de Einstein.. 82
9 — Provas da lei da gravitação de Einstein........................... 93
10 — Massa, momento, energia e ação.................................... 101
11 — O universo em expansão... 113
12 — Convenções e leis naturais.. 122
13 — A abolição da "força"... 130
14 — O que é matéria?... 137
15 — Consequências filosóficas... 143

Prefácio à edição brasileira

Bertrand Russell é o que costumamos chamar de "homem da Renascença". Filósofo, matemático, autor, escreveu mais de sessenta livros sobre os mais diversos assuntos. Não por acaso, quando ganhou o prêmio Nobel de Literatura em 1950, a Academia Sueca sintetizou seu mérito assim: "(...) em reconhecimento aos seus trabalhos variados e significativos, nos quais defende os ideais humanitários e a liberdade de pensamento (...)."

Russell dedicou-se, em particular, a falar de sociedade, educação, matemática e filosofia. Mas deu também suas contribuições à física. Ao longo de três anos, de 1923 a 1925, produziu três obras que dialogam muito com os tempos atuais. Na primeira, *ABC dos átomos*, o escritor fala das novidades que a mecânica quântica mal acabara de descobrir. O átomo de Bohr contava dez anos, e De Broglie estava estendendo o conceito da dualidade onda-partícula para os elétrons. Ainda não tínhamos a equação de Schrödinger, o princípio da incerteza de Heisenberg ou a interpretação de Copenhague; tínhamos, porém, Russell e seu *ABC dos átomos*.

No ano seguinte, ele nos deu *Ícaro, ou o futuro da ciência*, uma obra pessimista que nos alerta para possíveis caminhos distópicos. É uma resposta ao texto do biólogo J.B.S. Haldane, de 1923, intitulado "Dédalo, ou a ciência e o futuro". Enquanto Haldane constrói um cenário esperançoso, colocando a ciência como o pilar maior de uma sociedade futura justa e igualitária, Russell nos traz o contraponto. E o faz explicitamente confrontando a obra de Haldane:

> *O Dédalo de Haldane estabeleceu uma imagem atraente do futuro, como ele pode ser graças ao uso de descobertas científicas para promover a felicidade humana. Por mais que eu queira concordar com a sua previsão, a constatação do comportamento de estadistas e governos deixou-me um pouco cético.*
>
> *Sou compelido a crer que a ciência será usada para promover o poder dos grupos dominantes, em vez de fazer os homens felizes...*

É uma visão árida, mas não muito distante da realidade atual. Como eu sempre digo em minhas palestras, nossa ciência avança mais rapidamente do que a nossa consciência.

E por fim chegamos a 1925, e ao *ABC da relatividade*, fechando a trilogia da inovação físico-tecnológica de Bertrand Russell. Das três obras aqui citadas, esta é a única que permanece facilmente acessível aos leitores, e esta reedição da Nova Fronteira é prova inconteste disso.

A teoria da relatividade mora em nossos corações, muito por conta de seu autor, Albert Einstein, tido por muitos como o maior cientista de todos os tempos (algo com o que eu não concordo).

Einstein, pelo retrovisor da história, nos é simpático e atraente. Os temas tratados por sua relatividade são fundamentais: matéria, energia, espaço, tempo… E a teoria em si parece se prestar a simplificações extremas ("tudo é relativo!"). Estes ingredientes a trazem para o imaginário popular e nos fazem querer ser próximos dela. A relatividade nos seduz mais do que átomos ou cenários pessimistas sobre o futuro da ciência.

Neste livro Russell explora de forma sutil esse sentimento, esse estranhamento misturado com proximidade. Ele entende que o leitor já foi seduzido pelo assunto. A primeira faísca já aconteceu. Cabe a ele, Russell, conduzir o leitor pelo labirinto da emoção, consolidando esse sentimento inicial, essa paixão pelo assunto, em algo mais duradouro: um amor sereno construído com base no entendimento e no respeito.

Em meu livro *Sobre os ombros de gigantes*, no qual trato da história da física, falo um pouco sobre as possibilidades reais de se fazer física, se entender o mundo, sem o auxílio da matemática. Em algum lugar, eu escrevi: "A física é um assunto; a matemática é um idioma." É lógico que há idiomas que se prestam mais a determinados assuntos; assuntos que ficam mais fáceis em determinados idiomas. Falar de informática ou futebol americano sem o uso da língua inglesa, por exemplo, é sempre mais difícil…

Russell sabe muito bem que a matemática não domina a física. E deixa isso evidente para o público leigo que quer entender a teoria da relatividade sem fórmulas e equações. (Há algumas, é verdade, mas estamos muito longe dos livros-texto ou dos artigos científicos!) O britânico traz seu olhar filosófico e abrangente para, apenas uma década depois da criação de uma nova teoria, explicá-la de forma clara e sucinta, ajudando a difundir as novas ideias criadas por Einstein.

Com o *ABC da relatividade*, Bertrand Russell ajuda a disseminar o novo paradigma científico que, mais de cem anos depois de ter sido formulado, continua nos fascinando. E que nos fascinará ainda por um bom tempo.

Ao leitor ou à leitora que chega agora no mundo da relatividade, aproveite o momento. Você chegou na hora certa e está de posse de um bom guia. E a você que já conhece o assunto, sinta as nuances e veja uma grande mente lógica como a de Russell trabalhando conceitos basilares da física moderna.

Boa leitura.

Alexandre Cherman
Astrônomo, físico, cientista de dados,
servidor municipal, educador e escritor

Prefácio

A primeira edição deste livro foi lançada em 1925. Os princípios básicos da relatividade não mudaram desde então, mas tanto a teoria quanto suas aplicações foram muito ampliadas, e foi preciso fazer alguma revisão para a segunda edição e as subsequentes. Para a segunda e a terceira edições, fiz essa revisão com a aprovação de Bertrand Russell. A alteração mais substancial consistiu em reescrever o capítulo 11 para incorporar a expansão do universo, estabelecida no final da década de 1920.

Russell morreu em 1970. Revisões adicionais feitas em 1985 para a quarta edição, da qual esta é uma reimpressão inalterada, foram de minha inteira responsabilidade. Alterei novamente várias passagens para pô-las de acordo com o conhecimento atual. Não me atrevi a interferir na substância dos dois últimos capítulos, cujo caráter é muito menos físico do que filosófico.

Felix Pirani, 2002

Introdução

Sem dúvida é um raro tributo à extraordinária capacidade de Russell como expositor, e a seu talento literário, que uma introdução não matemática escrita há mais de setenta anos para uma teoria física de importância capital, e na época absolutamente revolucionária, ainda constitua um guia preciso. O claro contraste existente, em matéria de estilo e apresentação, entre este excelente livro e a escrita alvoroçada e sensacionalista que costuma caracterizar atualmente as obras de divulgação científica também dá margem a reflexão. Todo leitor do livro de Russell, *ignoramus* ou *cognoscenti*, se deliciará com o bom humor, a prosa transparente e espirituosa do livro, e terá uma perfeita compreensão dos princípios físicos básicos que estão no cerne da teoria da relatividade. Em seu caráter de introdução não matemática, esta obra tem agora exatamente o mesmo valor que tinha ao ser publicada pela primeira vez em 1925.

Em sua autobiografia *(The Autobiography of Bertrand Russell*, vol. II, 1914-1944, Londres, Allen & Unwin, 1968, p. 152), Russell comenta que seu objetivo ao escrever este livro, o análogo *The ABC of Atoms* (Londres, Kegan Paul, 1923) e *What I Believe* (Londres, Kegan Paul, 1925) foi ganhar dinheiro. Mas se o segundo desses volumes foi superado pelos desenvolvimentos da física quântica — em particular a elaboração da nova teoria quântica após 1925 —, a primeira exposição resistiu em grande parte ao teste do tempo, apesar dos consideráveis avanços realizados na relatividade e na cosmologia.

Russell havia voltado da China em setembro de 1921 e não estava ocupando nenhum cargo acadêmico. Ele conta que, apesar de ter ganhado um bom dinheiro com seus livros ABC, continuou "bastante pobre" até 1926, quando prosperou financeiramente com a publicação de um livro sobre educação. É digno de nota o monumental volume de textos que conseguiu produzir na década de 1920. Entre eles estiveram três relevantes contribuições à lógica e à filosofia, uma nova edição de *Principia Mathematica*, em 1925, e duas obras importantes, *The Analysis of Mind* (Londres, Allen & Unwin, 1921) e *The Analysis of Matter* (Londres, Kegan Paul, Trench, Trobner & Co., 1927). Parte deste último volume formou as Tarner Lectures feitas no Trinity College, Cambridge, em

1926. Essas conferências, que foram dedicadas à epistemologia da nova física, incluíram uma elegante análise lógica e estrutural da teoria da relatividade e sua relação com a geometria pura e aplicada, sendo que duas delas versaram sobre os fundamentos da teoria quântica, tal como então compreendidos. A tudo isso se somaram livros sobre os mais variados assuntos, como a China, a felicidade, o casamento e o futuro da sociedade e da ciência.

Essa foi claramente uma fase em que o pensamento de Russell esteve dominado por temas sociais e pela necessidade de difundir e popularizar o conhecimento de modo a sanar o que lhe parecia uma irracionalidade profundamente arraigada, nascida da ignorância e da falta de oportunidade educacional, que se manifestara no entusiasmo com que as populações da Europa haviam participado na ascensão do nacionalismo e da Primeira Guerra Mundial. Foi sem dúvida um período heroico na vida de Russell, no qual ele acreditou sinceramente que o preconceito de tipo cego e irrefletido — a seu ver fundamentalmente responsável pelos horrores da Primeira Guerra Mundial — poderia ser transcendido pela disseminação do conhecimento e o exercício da capacidade de raciocínio crítico por todas as classes da sociedade. Sua enorme produção nesse período teve por objetivo pôr ao alcance de todos, tanto quanto possível, a liberdade de pensamento e ação que o conhecimento e a cultura proporcionam. Essa atitude iluminista certamente impregna *ABC da relatividade.*

Embora seja sem dúvida uma obra-prima da exposição de ideias, este livro contém dois aspectos que podem levar o leitor desavisado a enganos. O primeiro diz respeito a qual é, fundamentalmente, o objeto — o domínio de discurso — da relatividade especial, e o segundo está ligado à transição da teoria especial para a geral. Ao longo de toda a sua discussão da teoria especial, Russell refere-se ao "observador" e, para explicitar a diferença entre o referencial newtoniano clássico e a teoria especial, mostra que as relações-chave de simultaneidade, comprimento, tempo e ordem temporal, considerados absolutos no referencial clássico, dependem do "observador" na teoria especial.

Assim, ao falar da ordem temporal dos eventos, Russell diz: "A ordem temporal dos eventos é em parte dependente do observador; não é sempre e inteiramente uma relação intrínseca entre os próprios eventos" (p. 46). Ora, isso poderia dar a impressão de que a teoria especial diz respeito a intervalos temporais *observados*, magnitudes espaciais *medidas*, simultaneidade *observada*, réguas e relógios rígidos *reais* etc. Mas isso não é verdade.

A relatividade especial é uma teoria do espaço-tempo, uma teoria essencialmente cinemática acerca dos eventos e das relações espaciais e temporais entre eles — exatamente como a teoria de Newton —, e, como tal, nada tem a ver com "observadores". O fato de ela não fazer nenhuma afirmação a respeito de observadores, ou da natureza ou constituição deles, é uma evidência disso. Na feliz expressão de Russell, seu domínio é "o que acontece", não o que é "observado". É lógico que, ao fazer afirmações sobre o que acontece, ela pode de fato, como qualquer teoria cinemática (por exemplo, a de Galileu, que substituiu), suscitar previsões sobre eventos e seus arranjos espaço-temporais quando considerados juntamente com descrições de situações experimentais. Em suma, poderá ser posta à prova contra a experiência, mas isso não faz dela uma teoria sobre intervalos espaço-temporais *observados* entre eventos.

Este é um ponto importante, porque pôr a teoria na dependência do observador pode sugerir que ela diz respeito a medições ou operações que podemos efetuar com réguas e relógios absolutos. Poderia ainda sugerir que o universo está envolvido numa conspiração para esconder *fatos* espaço-temporais reais, dando-nos acesso apenas a relações espaço-temporais fisicamente verificáveis, a saber, aquelas descritas pela teoria especial. Nada poderia estar mais longe da verdade, e nada está realmente mais distante das intenções de Russell em sua exposição. No início ele deixa evidente que "[a 'teoria da relatividade'] está inteiramente empenhada em excluir o que é relativo e chegar a uma formulação das leis físicas que não dependa de maneira alguma das circunstâncias do observador" (p. 30). A maneira mais fácil de evitar a armadilha da "dependência com relação ao observador" é substituir essa noção pela de dependência para com o sistema de referência e observar que a relatividade especial torna as relações de simultaneidade, duração e intervalo espacial dependentes do referencial.

Após chamar a atenção para o risco de impingir uma interpretação à teoria especial, convém alertar igualmente para um outro, que consiste em afirmar que ela prova a teoria causal do espaço-tempo. Como se sabe, Leibniz afirmou que espaço e tempo deveriam ser vistos não como substâncias, mas como relações, sendo constituídos pelas relações causais entre eventos. Assim, por exemplo, poderíamos pensar em um instante do tempo como o conjunto de todos "os eventos coexistentes". Tome portanto um evento que ocorreu no instante t, e considere que t é o conjunto de todos os eventos simultâneos a este. Nessa visão, dois eventos são simultâneos se não puderem ser ligados por nenhum tipo de sinal causal, seja qual for a velocidade com que este se propague. Na verdade, Leibniz sustentou que, como não há limite superior para a velocidade de propagação de sinais causais, a relação de simultaneidade assim compreendida asseguraria que instantes temporais tal como definidos acima não poderiam se sobrepor (a relação de simultaneidade seria transitiva) e se comportariam exatamente da maneira exigida pela teoria do tempo absoluto de Newton. Contudo, como não há nenhuma argumentação igualmente cristalina em defesa do espaço absoluto, o projeto de construir a geometria do espaço e tempo clássicos a partir de relações causais subjacentes nunca pôde ser levado a cabo com sucesso.

Ora, como notavelmente salientou Russell (p. 56), quando A.A. Robb trabalhava em Cambridge, em 1914, ele publicou *A Theory of Space and Time* (Cambridge, Cambridge University Press, 1914) — uma teoria causal para o espaço-tempo relativístico da qual decorre este extraordinário teorema: a estrutura causal do espaço-tempo é totalmente suficiente para gerar sua geometria (não euclidiana). É claro que na relatividade especial um novo postulado sobre a simultaneidade se torna necessário, em consequência direta da finitude da velocidade da luz e da afirmação fundamental de que um sinal luminoso é o mais rápido sinal causal, sendo a maior rapidez definida aqui em termos de viagem de ida e volta. Por vezes, na literatura, essa consequência do trabalho de Robb é tomada como prova da ideia leibniziana, mas essa afirmação transcende o conteúdo da relatividade especial, pois nada nessa teoria nos compele a expressar a noção de simultaneidade em termos de relações causais.

É possível dizer que a relatividade especial coloca todas as relações entre eventos na dependência do referencial (isto é, torna tudo relativo)?

Russell foi admiravelmente claro em sua resposta: "não" (p. 40, 68-9). De certo modo ela é tão absoluta quanto o referencial clássico, mas o que independe do referencial é diferente. O referencial clássico usado na física, tal como veio a ser compreendido no século XIX, era mais forte que aquele postulado pelo próprio Newton. Baseava-se, na verdade, na argumentação de Kant de que duas estruturas ontologicamente independentes — espaço absoluto e tempo absoluto — eram pressupostas pela própria possibilidade de experiência objetiva, e portanto pela existência da física como ciência. Esta foi a resposta de Kant à questão formulada pelo ataque cético de Hume à ideia de que podemos ter conhecimento indutivo das leis da natureza. Foi a resposta de Kant à questão epistemológica fundamental: "Como a ciência natural é possível?" ("Prolegômenos a toda metafísica futura", 1783). Kant sustentou ainda que os estudos físicos tinham o pressuposto de que a geometria da estrutura formada tomando-se conjuntamente as duas entidades independentes — espaço e tempo absolutos — era euclidiana. Isso significa simplesmente que podemos calcular a distância espacial entre eventos distantes usando o teorema de Pitágoras, e calcular sua separação temporal subtraindo as coordenadas temporais absolutas (p. 74-81).

Ora, a relatividade especial simplesmente substitui o espaço absoluto e o tempo absoluto por um outro absoluto, a saber, a classe dos referenciais inerciais (isto é, sistemas de referência ou diagramas de espaço-tempo que não estão eles próprios sujeitos à ação de forças). Pelo princípio fundamental da relatividade, as leis da natureza devem ter a mesma forma em todos os elementos dessa classe. Surge então de imediato a questão: que formas devem ter as transformações — que partem das coordenadas de um evento em um elemento da classe e dão as coordenadas do mesmo evento em qualquer outro elemento da classe — para que as leis da natureza tenham uma forma invariante em todo referencial inercial? Mas aqui surgiu uma dificuldade fundamental.

As leis da mecânica newtoniana são invariantes no sentido exigido quando estão em jogo as transformações galileanas padrão. Mas as leis do eletromagnetismo não são invariantes sob essas transformações: só permanecem invariantes em referenciais inerciais se for empregado um conjunto inteiramente distinto de transformações. As transformações fisicamente mais importantes nesse conjunto são as de Lorentz.

Foi necessária a extraordinária acuidade de Einstein para compreender que as leis mais fundamentais eram as eletromagnéticas, não as da mecânica, e que portanto as transformações de Lorentz eram as corretas. Toda a relatividade especial, como Russell observa com acerto (p. 69-71), decorre da investigação de quais propriedades a cinemática e a mecânica devem ter (como elas devem ser reescritas) se as transformações de Lorentz forem válidas. O caráter absoluto da classe dos referenciais inerciais juntamente com as transformações de Lorentz nos obrigam a submeter o modo como concebemos a estrutura do espaço-tempo a uma revisão fundamental.

A mais notável das correções a fazer é admitir que espaço e tempo não são mais ontologicamente independentes, não podem ser compreendidos como entidades separadas, devendo ser considerados como uma única entidade, o espaço-tempo, cuja geometria não pode ser euclidiana, ou seja, a separação de eventos distintos no espaço-tempo não é dada pelo teorema de Pitágoras (p. 73-91). Ademais, em consequência das transformações de Lorentz, essa separação no espaço-tempo é uma invariante, uma grandeza independente do referencial, e é isso que induz o fenômeno, à primeira vista estranho, da dilatação do tempo e da contração do comprimento, bem como o da dependência da simultaneidade em relação ao referencial. Enquanto os componentes da separação no espaço-tempo que correspondem ao comprimento e à separação temporal podem variar entre os membros da classe dos referenciais inerciais, a completa expressão da separação no espaço-tempo não pode.

Esse caráter absoluto é essencial na teoria, porque é ele que impede a derivação de pretensas contradições, como o paradoxo dos gêmeos. É uma consequência imediata das transformações de Lorentz que "relógios em movimento funcionam devagar". Segue-se que, se um membro de um par de gêmeos parte em viagem, digamos para Plutão, enquanto seu irmão permanece na Terra, o gêmeo que viaja envelhecerá menos que o irmão que permanece na Terra. Mas do ponto de vista do irmão que está no foguete, dados o princípio da relatividade de todo movimento uniforme e a natureza recíproca da dilatação do tempo, não poderíamos tratar o gêmeo que fica na Terra como se tivesse feito a viagem e retornado ao foguete "estacionário"? Nesse caso seriam os relógios na Terra que estariam se movendo, e, como "funcionariam devagar", poderíamos inferir que o gêmeo na Terra estaria mais jovem que o irmão. Teríamos inferido portanto, dada a natureza recíproca da dilatação do tempo, que cada um dos gêmeos estaria mais jovem que o outro, o que é impossível. Mas dada a teoria, essa inferência é inválida.

Um dos gêmeos deve retornar ao ponto de partida da viagem, portanto, um deles (o que se move) deve deixar a classe dos referenciais inerciais quando inicia a viagem de volta, mesmo que o faça instantaneamente. Somente um dos gêmeos faz isso. Em razão do caráter absoluto da classe dos referenciais inerciais, toda simetria entre as viagens dos gêmeos é quebrada (um e somente um gêmeo pode completar a viagem inteiramente dentro da classe dos referenciais inerciais — de fato aquele que permanece em casa, no referencial fixo da Terra); portanto, por causa da quebra da simetria, não há nenhuma reciprocidade, e daí não decorre nenhum paradoxo. Isso é simplesmente um reflexo do caráter absoluto da classe dos referenciais inerciais postulado pela relatividade especial.

O papel essencial que os sistemas de referência inerciais desempenham na teoria especial suscita a pergunta: que são referenciais inerciais (o que determina que um sistema de referência pertence ou não à classe dos referenciais inerciais) e por que deveriam *eles* ter esse papel (por que a natureza os privilegia)? Foram essas as perguntas que Einstein formulou e foram elas, juntamente com o resultado fundamental a que a relatividade especial chegou no tocante à igualdade de massa e energia (p. 101-12), que acabaram por conduzi-lo à teoria geral da relatividade em 1916. É aqui talvez que a exposição de Russell da transição para a relatividade geral, e da relatividade geral e da cosmologia em si, precisa de uma pequena atualização e suplementação.

O modo como Russell expôs a relatividade foi fortemente influenciado pelo mais notável relativista inglês de seu tempo, *sir* Arthur Eddington, e em particular por sua obra clássica, *The Mathematical Theory of Relativity* (Cambridge, Cambridge University Press, 1923). Esse livro dá uma ênfase particular aos aspectos geométricos da teoria geral, chegando quase a apresentar a teoria física como conhecimento *a priori*. Essa abordagem — que é em certa medida transferida para a exposição de Russell — tende a obscurecer as questões físicas básicas subjacentes à teoria.

O primeiro problema geral, que diz respeito a como caracterizar a noção de um sistema de referência inercial e a como formular a lei da inércia, já havia sido suscitado por Ernst Mach em 1872, em sua monografia seminal sobre a lei da conservação de energia (*The History and Root of the Principle of the Conservation of Energy*, Open Court, 1909). Nela, como se sabe, Mach defendeu a ideia de que não era o movimento com relação ao espaço absoluto que determinava as propriedades inerciais da matéria, e sim o movimento com relação à distribuição da matéria restante no universo. Ele escreveu:

> *Obviamente não importa que pensemos que a Terra gira em torno de seu eixo ou permanece em repouso enquanto os corpos celestes giram em torno dela... A lei da inércia deve ser concebida de tal modo que exatamente a mesma coisa resulte quer da segunda ou da primeira suposição. Isso deixará evidente que, na expressão dessa lei, é preciso levar em conta as massas do universo.*
> (p. 76-7, nota 2)

De fato, Mach está sugerindo aqui que não há absolutamente nenhum referencial fisicamente preferível. Mas ele não fez muito para indicar como esse achado poderia ser incorporado à teoria física.

Russell, porém, dá grande destaque à dificuldade de incorporar a gravitação à teoria especial, porque a lei gravitacional de Newton envolve em sua formulação a noção de distância, que é dependente do referencial, o que dá a impressão de que a própria lei é dependente dele (p. 82-3). Em si mesma, contudo, essa não é uma dificuldade fundamental — tampouco é difícil incorporar a gravitação à relatividade especial, como qualquer outra força (nem a teoria especial nem a geral exigem, como Russell parece afirmar no capítulo 13, a abolição da noção de força). O verdadeiro problema provém da igualdade de massa e energia ($E = mc^2$) — a mais revolucionária consequência da relatividade especial. Pois se um corpo em movimento tiver sua energia aumentada — digamos, quando aquecido —, sua massa aumentará igualmente. Mas se sua massa aumentar, segundo a lei de Newton, aumentará também sua resposta ao campo gravitacional (sua massa gravitacional). Mas a quantidade de energia que um corpo ganha ao ser aquecido depende de sua composição, e assim temos a consequência de que a maneira como um corpo responde ao campo gravitacional depende de sua composição. No entanto, isso contradiz o princípio-chave sobre a gravidade enunciado por Galileu como um axioma: a saber, que todos os corpos respondem igualmente ao campo gravitacional, independentemente de sua composição. A teoria geral de Einstein consegue fornecer uma explicação em que referenciais inerciais perdem seu status privilegiado e em que o princípio de equivalência entre massa gravitacional e inercial perde seu status axiomático para se tornar uma consequência dedutiva direta da teoria.

É de esperar que esta bela exposição não matemática que Russel faz da relatividade estimule o leitor a ampliar seu conhecimento da teoria e de suas aplicações à cosmologia. Ela certamente habilitará o leitor a enfrentar a exposição que o próprio Einstein faz em seu tratado *The Meaning of Relativity* (Princeton, Princeton University Press, 1922). Uma excelente exposição não técnica da relatividade pode ser encontrada em Wesley C. Salmon, *Space, Time and Motion: A Philosophical Introduction* (Encino: Dickenson Publishing, 1975), ao passo que o livro de Wolfgang Rindler, *Essential Relativity, Special, General and Cosmological* (Berlim, Springer-Verlag, 1977), fornece uma introdução muito boa, de caráter mais matemático, a todos os aspectos da teoria. Para os de inclinação filosófica, os livros de Lawrence Sklar, *Space, Time, and Spacetime* (Berkeley, California University Press, 1974), e Roberto Torretti, *Relativity and Geometry* (Oxford, Pergamon Press, 1983), oferecem caminhos acessíveis para as questões conceituais da teoria da relatividade.

Russell foi talvez o mais importante pensador da Grã-Bretanha no século XX; não pode haver melhor tributo a seus grandes talentos como expositor e a suas importantes ideias teóricas e sociais que o fato de este livro, que ele escreveu para "ganhar a vida", ser editado mais uma vez. No melhor sentido, grande parte de sua visão, de suas capacidades e do prazer que o conhecimento lhe propiciava podem ser discernidos aqui.

Peter Clark
Universidade de St. Andrews

Capítulo I

Tato e visão: a Terra e o céu

Todos sabem que Einstein fez uma coisa assombrosa, mas muito poucos sabem exatamente o que foi. Reconhece-se em geral que ele revolucionou nossa concepção do mundo físico, mas as novas concepções estão embrulhadas em tecnicidades matemáticas. É verdade que há inúmeras exposições populares da teoria da relatividade, mas em geral elas deixam de ser inteligíveis exatamente no ponto em que começam a dizer alguma coisa importante. Certamente a culpa não é dos autores. Muitas das novas ideias podem ser expressas numa linguagem não matemática, mas isso não as torna nem um pouco menos complicadas. O que se exige é uma mudança da imagem que temos do mundo — imagem que foi transmitida de geração em geração desde nossos ancestrais mais remotos, talvez pré-humanos, e que todos assimilamos na primeira infância. Uma mudança em nossa imagem do mundo é sempre difícil, sobretudo quando já não somos jovens. O mesmo tipo de mudança foi exigido por Copérnico, que ensinou que a Terra não é estacionária e o céu não gira em torno dela uma vez por dia. Para nós, hoje, essa ideia não encerra nenhuma dificuldade, porque a aprendemos antes que nossos hábitos mentais se fixassem. De maneira semelhante, as ideias de Einstein parecerão mais fáceis para as gerações que crescerem com elas; para nós, um certo esforço de reconstrução mental é imprescindível.

Ao explorar a superfície da Terra, usamos todos os nossos sentidos, mais particularmente o tato e a visão. Em idades pré-científicas, usavam-se partes do corpo humano para medir comprimentos: "polegada", "pé", "cúbito" e "palmo" eram definidos dessa maneira. Para distâncias maiores, pensávamos no tempo necessário para andar de um lugar a outro. Pouco a pouco aprendemos a avaliar distâncias aproximadamente pelo olho, mas quando queremos ser precisos dependemos do tato. Além disso, é o tato que nos dá nosso senso de "realidade". Há coisas que não podem ser tocadas: arco-íris, reflexos em espelhos e assim por diante. Elas intrigam as crianças, cujas especulações metafísicas são atraídas pela informação de que aquilo que veem no espelho não é "real". O punhal de Macbeth era irreal porque não era "sensível ao tato como à visão". Não só nossa geometria e física como toda a nossa concepção do que existe fora de nós baseia-se no sentido do tato. Isso se manifesta até em nossas metáforas: um bom discurso é "consistente", um mau discurso é vazio, isto é, feito de ar, coisa que não nos parece inteiramente "real".

Ao estudar o céu, somos privados de todos os sentidos, exceto a visão. Não podemos tocar o Sol nem medir as Plêiades com uma régua. Apesar disso, os astrônomos sempre aplicaram ao céu, sem hesitar, a geometria e a física que lhes pareciam úteis na superfície da Terra, e que haviam construído com base no tato e em viagens. Com isso, puseram-se em dificuldades que só foram resolvidas com a descoberta da relatividade. O fato é que grande parte do que havia sido aprendido mediante o sentido do tato era preconceito sem base científica, que devia ser rejeitado se quiséssemos ter uma imagem verdadeira do mundo.

Um exemplo pode nos ajudar a compreender quanta coisa é impossível para o astrônomo se comparado a alguém interessado no que ocorre na superfície da Terra. Suponha que você toma uma droga que o deixa temporariamente inconsciente e que, ao acordar, está desmemoriado, mas preserva sua capacidade de raciocinar. Suponha ainda que, enquanto estava inconsciente, você foi posto num balão, o qual, quando você recobra os sentidos, está navegando ao sabor do vento numa noite escura — a noite de 5 de novembro se você estiver na Inglaterra, a de 4 de julho, se estiver nos Estados Unidos, ou a de 31 de dezembro, se estiver no Brasil. Você pode ver fogos de artifício que estão sendo soltos por pessoas no solo, em trens e em aviões que viajam em todas as direções, mas não consegue ver o solo, nem os trens, nem os aviões por causa da escuridão. Que tipo de imagem do mundo você formaria? Pensaria que nada é permanente: haveria apenas breves lampejos de luz que, durante sua curta existência, viajariam pelo vazio traçando as mais variadas e extravagantes curvas. Obviamente sua geometria, sua física e sua metafísica seriam muito diferentes daquelas dos simples mortais. Se um simples mortal estivesse com você no balão, sua fala lhe pareceria ininteligível. Mas se Einstein estivesse ao seu lado, você o compreenderia com mais facilidade do que o simples mortal, porque você estaria livre de um sem-número de ideias preconcebidas que impedem a maioria das pessoas de entendê-lo.

A teoria da relatividade depende, em considerável medida, do abandono de noções que são úteis na vida comum, mas não para nosso balonista desmemoriado. Por várias razões, mais ou menos acidentais, as circunstâncias na superfície da Terra sugerem concepções que na verdade são errôneas, embora tenham chegado a parecer imposições do pensamento. A mais importante dessas circunstâncias é o fato de os objetos, na superfície da Terra, serem em sua maioria bastante persistentes e quase estacionários do ponto de vista de um terráqueo. Se não fosse assim, a ideia de fazer uma viagem não pareceria tão clara como parece. Quando você pensa em tomar um trem na estação de King's Cross para Edimburgo, sabe que encontrará a estação onde sempre esteve, que a estrada de ferro seguirá pelo mesmo trajeto que seguiu em sua viagem anterior e que a estação Waverley em Edimburgo não terá subido morro acima até o Castelo. É por isso que você diz e pensa que foi a Edimburgo, não que Edimburgo foi a você, quando na realidade esta última afirmação seria tão correta quanto a primeira. O sucesso desse ponto de vista fundado no senso comum depende de várias coisas que, na verdade, são da natureza da sorte. Suponha que todas as casas de Londres estivessem perpetuamente se movendo de um lugar para outro, como um enxame de abelhas; suponha que as estradas de ferro se movessem e mudassem de forma como avalanches e, por fim, suponha que os objetos materiais estivessem perpetuamente se formando e se dissolvendo como nuvens. Não há nada de impossível nessas suposições. Mas, obviamente, o que chamamos de uma viagem a Edimburgo não teria nenhum sentido num mundo assim. Certamente você teria de começar perguntando ao motorista de táxi: "Onde está King's Cross esta manhã?" Na estação, teria que fazer uma pergunta semelhante sobre Edimburgo, mas o bilheteiro responderia: "A que parte de Edimburgo o senhor está se referindo? Prince's Street foi para Glasgow, o Castelo mudou-se para as Highlands e a estação Waverley no momento está debaixo da água, no meio do Firth of Forth." Durante o percurso, as estações não estariam paradas no lugar; algumas estariam se deslocando para o norte, outras para o sul, outras para leste ou oeste, talvez muito mais velozmente que o seu trem. Nessas condições, em nenhum momento você poderia dizer onde estava. Na verdade, a própria noção de que estamos sempre em algum "lugar" definido decorre da afortunada imobilidade da maioria dos objetos grandes na superfície da Terra. A ideia de "lugar" não passa de uma aproximação prática grosseira: não tem nada de logicamente necessário, e não é possível torná-la precisa.

Se não fôssemos muito maiores que um elétron, não teríamos essa impressão de estabilidade, que decorre apenas da insuficiência de nossos sentidos. A estação de King's Cross, que nos parece tão sólida, seria vasta demais para ser concebida, exceto por um punhado de matemáticos excêntricos. Os pedacinhos dela que poderíamos ver consistiriam de minúsculos pontos de matéria, que nunca entrariam em contato uns com os outros, e estariam perpetuamente a passar zunindo uns pelos outros, num balé inconcebivelmente rápido. O mundo de nossa experiência seria tão louco quanto aquele em que as diferentes partes de Edimburgo saem a passeio em diferentes direções. Se — para tomar o extremo oposto — você fosse tão grande quanto o Sol, vivesse tanto quanto ele e tivesse uma percepção correspondentemente lenta, veria novamente um universo sem permanência, inteiramente confuso — estrelas e planetas surgiriam e desapareceriam como névoas matinais e nada permaneceria em posição fixa em relação a nada. A noção de estabilidade relativa que faz parte de nosso ponto de vista comum deve-se, portanto, ao fato de sermos mais ou menos do tamanho que somos e vivermos num planeta cuja superfície não é muito quente. Se não fosse esse o caso, a física pré-relatividade não nos pareceria intelectualmente satisfatória. Teríamos tido de saltar diretamente na relatividade, ou permanecer na ignorância de leis científicas. É uma sorte que não tenhamos enfrentado essa alternativa, já que é quase inconcebível que uma só pessoa pudesse ter feito o trabalho de Euclides, Galileu, Newton e Einstein. Mas a verdade é que, sem um gênio incrível como esse, dificilmente a física poderia ter sido descoberta num mundo em que o fluxo universal fosse óbvio para a observação não científica.

Na astronomia, embora o Sol, a Lua e as estrelas continuem existindo ano após ano, sob outros aspectos o mundo com que temos de lidar é muito diferente daquele da vida cotidiana. Como já foi observado, dependemos exclusivamente da visão: os corpos celestes não podem ser tocados, ouvidos, cheirados nem degustados. Tudo no céu está em movimento em relação a tudo o mais. A Terra está girando em torno do Sol, o Sol está se movendo, muito mais rapidamente que um trem expresso, para um ponto na constelação de Hércules, as estrelas "fixas" estão correndo para cá e para lá. Não há no céu lugares bem marcados, como King's Cross e Edimburgo. Quando você viaja de um lugar para outro na Terra, diz que o trem se move, não as estações, porque estas preservam as relações topográficas que têm umas com as outras e com o território que as cerca. Na astronomia, porém, o que chamamos de trem e o que chamamos de estação é arbitrário: é uma questão a ser decidida com base exclusivamente na conveniência e na convenção.

Sob esse aspecto, é interessante comparar Einstein e Copérnico. Antes de Copérnico, pensava-se que a Terra estava parada e o céu girava à volta dela uma vez por dia. Copérnico ensinou que "na realidade" a Terra gira uma vez por dia e que a revolução diária do Sol e das estrelas é apenas "aparente". Galileu e Newton endossaram essa concepção, que parecia ser provada por várias coisas — por exemplo, o achatamento da Terra nos polos e o fato de os corpos serem mais pesados neles que no equador. Na teoria moderna, contudo, a divergência entre Copérnico e os astrônomos anteriores é mera questão de conveniência; todo movimento é relativo e não há diferença entre estas duas afirmações: "A Terra gira uma vez por dia" e "o céu gira em torno da Terra uma vez por dia". As duas significam exatamente a mesma coisa, assim como dá no mesmo dizer que uma coisa mede 1 m ou 100 cm. A astronomia fica mais fácil se considerarmos que o Sol está fixo, e não a Terra, assim como os cálculos ficam mais fáceis num sistema monetário decimal. Dizer que Copérnico fez mais que isso é admitir o movimento absoluto, o qual é uma ficção. Todo movimento é relativo, e é mera convenção considerar que um corpo está em repouso. Todas essas convenções são igualmente legítimas, embora nem todas sejam igualmente convenientes.

Há um outro aspecto de grande importância em que a astronomia, por depender exclusivamente da visão, difere da física terrestre. Tanto o pensamento popular quanto a física antiga usavam a noção de "força", que parecia inteligível por estar associada a sensações bem conhecidas. Quando andamos, temos sensações associadas a nossos músculos que não temos quando parados. Antes da introdução da tração mecânica, embora pudessem se locomover sentadas em carruagens, as pessoas podiam ver os cavalos fazendo esforço e evidentemente produzindo "força", tal como os seres humanos. Todos sabiam por experiência própria o que é empurrar ou puxar, ou ser empurrado ou puxado. Esses mesmos fatos tão conhecidos faziam a noção de "força" parecer uma base natural para a dinâmica. Mas a lei newtoniana da gravitação introduziu uma dificuldade. A força entre duas bolas de bilhar parecia inteligível porque conhecemos a sensação de nos chocarmos contra outra pessoa; mas a força entre a Terra e o Sol, que estão separados por 150 milhões de quilômetros, era um mistério. Até Newton considerava essa "ação a distância" impossível, e acreditava que havia algum mecanismo, ainda não descoberto, pelo qual a influência do Sol era transmitida aos planetas. Mas nunca se descobriu que mecanismo era esse, e a gravitação continuou sendo um enigma. O fato é que toda a concepção de "força gravitacional" é um erro. O Sol não exerce nenhuma força sobre os planetas; na lei relativística da gravitação, o planeta só leva em conta o que encontra em sua própria vizinhança. A maneira como isso funciona será explicada num capítulo posterior; por enquanto interessa-nos apenas a necessidade de abandonar a noção de "força gravitacional", que decorreu de concepções equivocadas, derivadas do sentido do tato.

À medida que a física avançou, foi se tornando cada vez mais claro que a visão é menos enganosa que o tato como fonte de noções fundamentais sobre a matéria. A aparente simplicidade da colisão de bolas de bilhar é inteiramente ilusória. De fato, as duas bolas nunca se tocam; o que realmente acontece é inconcebivelmente complicado, mas é mais análogo ao que acontece quando um cometa entra no sistema solar e sai dele do que ao que o senso comum supõe que acontece.

A maior parte do que dissemos até agora já havia sido reconhecida pelos físicos antes que a teoria da relatividade fosse inventada. Sustentava-se em geral que o movimento é um fenômeno meramente relativo — isto é, quando dois corpos estão mudando sua posição relativa, não podemos dizer que um está se movendo e o outro está em repouso, pois o que está acontecendo é meramente uma mudança na relação de um com o outro. Mas um grande trabalho foi necessário para pôr o procedimento efetivo da física em harmonia com essas novas convicções. Os métodos técnicos da física antiga incorporavam as ideias de força gravitacional e de espaço e tempo absolutos. Precisava-se de uma nova técnica, livre dos velhos pressupostos. Para que isso fosse possível, as antigas ideias de espaço e tempo tiveram de ser fundamentalmente transformadas. É nisso que residem tanto a dificuldade quanto o interesse da teoria. Antes de explicá-la, porém, há alguns preliminares indispensáveis. Trataremos deles nos dois próximos capítulos.

Capítulo II
O QUE ACONTECE E O QUE É OBSERVADO

Há um tipo de gente presunçosa que gosta de afirmar que "tudo é relativo". Isso é claramente um absurdo, pois se *tudo* fosse relativo, seria relativo em relação a quê? É possível, porém, sem incorrer em absurdos metafísicos, sustentar que tudo no mundo físico é relativo a um observador. Mas mesmo essa ideia, quer ela seja verdadeira ou não, *não* é a que a "teoria da relatividade" adota. Talvez o nome seja infeliz; não há dúvida de que ele levou filósofos e pessoas pouco instruídas a confusões. Eles imaginam que a nova teoria prova que *tudo* no mundo físico é relativo, quando, ao contrário, ela está inteiramente empenhada em excluir o que é relativo e chegar a uma formulação das leis físicas que não dependa de maneira alguma das circunstâncias do observador. É verdade que se descobriu que essas circunstâncias têm mais efeito sobre o que aparece para o observador do que outrora se pensava, mas, ao mesmo tempo, a teoria da relatividade mostra como desconsiderar esse efeito por completo. Essa é a fonte de quase tudo que ela tem de surpreendente.

Quando dois observadores percebem o que se considera uma ocorrência, há certas similaridades e também certas diferenças entre as percepções de um e de outro. As diferenças são obscurecidas pelas exigências da vida diária, porque, do ponto de vista prático, elas em geral não têm importância. Mas tanto a psicologia quanto a física, de seus diferentes ângulos, devem obrigatoriamente enfatizar os aspectos em que a percepção que uma pessoa tem de certa ocorrência difere da de outra. Algumas dessas diferenças decorrem de diferenças nos cérebros ou mentes dos observadores, outras de diferenças em seus órgãos sensoriais, outras ainda de diferenças de situação física: esses três tipos podem ser chamados respectivamente de diferenças psicológicas, fisiológicas e físicas. Um comentário feito numa língua que conhecemos será ouvido; ao passo que um comentário feito em voz igualmente alta numa língua que desconhecemos nos passará inteiramente despercebido. Uma pessoa que viaja pelos Alpes perceberá a beleza da paisagem, enquanto outra notará as quedas-d'água pensando em usá-las na produção de energia. Essas diferenças são psicológicas. As diferenças entre um hipermetrope e um míope, ou entre um surdo e alguém que ouve bem, são fisiológicas. Não estamos interessados em nenhum desses dois tipos de diferenças e só os mencionamos para excluí-los. O tipo que nos interessa é o puramente físico. Diferenças físicas entre dois observadores serão preservadas se os substituirmos por câmeras ou gravadores e poderão ser reproduzidas num filme ou na vitrola. Quando duas pessoas ouvem uma terceira falar, e uma está mais próxima da que fala que a outra, a mais próxima ouve os sons em volume mais alto e uma fração de segundos antes. Quando duas pessoas veem uma árvore cair, seus ângulos de visão são diferentes. Ambas as diferenças seriam igualmente mostradas por instrumentos de registro: não resultam de maneira alguma de idiossincrasias dos observadores, sendo parte do curso ordinário da natureza física tal como a experimentamos.

Os físicos, como as pessoas comuns, acreditam que suas percepções lhes fornecem conhecimento sobre o que está realmente acontecendo no mundo físico, e não só sobre suas experiências privadas. Profissionalmente, consideram que o mundo físico é "real", não um mero sonho de seres humanos. Um eclipse do Sol, por exemplo, pode ser observado por qualquer pessoa que esteja adequadamente situada, e é igualmente observado pelas chapas fotográficas que são expostas com esse fim. O físico está convencido de que alguma coisa realmente aconteceu além da experiência dos que olharam para o Sol ou viram fotografias dele. Estou enfatizando este ponto, que talvez pareça um tanto óbvio, porque alguns imaginam que a relatividade introduziu alguma diferença neste aspecto. De fato, não introduziu.

Mas se o físico está certo ao acreditar que várias pessoas podem observar a "mesma" ocorrência física, ele claramente deverá estar interessado naquelas características que a ocorrência tem em comum para todos os observadores, pois as outras não podem ser consideradas pertencentes à ocorrência em si mesma. No mínimo os físicos devem se restringir às características que são comuns a todos os observadores "igualmente bons". Observadores que usam microscópios ou telescópios são preferíveis àqueles que não o fazem, porque veem tudo que estes veem, e mais. Uma chapa fotográfica sensível pode "ver" mais ainda, e por isso é preferida à qualquer olho. Mas coisas como diferenças de perspectiva, ou de tamanho aparente devido a diferença de distância, obviamente não podem ser atribuídas ao objeto; pertencem unicamente ao ponto de vista do espectador. O senso comum as elimina ao avaliar os objetos; a física tem de levar o mesmo processo muito mais longe, mas o princípio é o mesmo.

Quero deixar claro que não estou interessado em nada que poderia ser chamado de imprecisão. O que me interessa são diferenças físicas genuínas entre ocorrências que são, todas elas, de seu próprio ponto de vista, um registro correto de determinado evento. Quando uma arma de fogo é disparada, as pessoas que não estão muito próximas dela veem o clarão antes de ouvir o tiro. Isso não se deve a nenhuma falha de seus sentidos, mas ao fato de que o som se desloca mais devagar que a luz. A luz se desloca tão rapidamente que, no que diz respeito à maioria dos fenômenos que ocorrem na superfície da Terra, pode ser considerada instantânea. Tudo que podemos ver na Terra acontece praticamente no momento em que o vemos. Num segundo, a luz percorre 300.000 km. Leva cerca de oito minutos para vir do Sol à Terra, e algo entre quatro e vários bilhões de anos para vir das estrelas a nós. Não podemos, é claro, instalar um relógio no Sol, enviar um sinal luminoso de lá às 12h, hora média de Greenwich, e tê-lo recebido em Greenwich às 12h08min. Nossos métodos para avaliar a velocidade da luz são os que aplicamos ao som quando usamos um eco. Podemos enviar um sinal luminoso para um espelho e observar quanto tempo o reflexo leva para chegar a nós; isso dá o tempo da dupla viagem, até o espelho e de volta. Medindo a distância que nos separa do espelho, podemos calcular a velocidade da luz.

Atualmente os métodos de mensuração do tempo são tão precisos que esse procedimento não é usado para calcular a velocidade da luz, mas para determinar distâncias. Por um acordo internacional assinado em 1983, "o metro é o comprimento do trajeto percorrido pela luz no vácuo durante um intervalo de tempo de 1/299.792.458 de segundo". Do ponto de vista dos físicos, a velocidade da luz tornou-se um fator de conversão, a ser usado para transformar distâncias em tempos, assim como o fator 0,9144 é usado para transformar distâncias em jardas em distâncias em metros. Agora, faz todo o sentido dizer que o Sol está a cerca de oito minutos de nós, ou que estamos a um milionésimo de segundo do próximo ponto de ônibus.

Pode-se alegar que a física sempre esteve perfeitamente ciente do problema de considerar o ponto de vista do espectador; que, de fato, ele dominou a astronomia desde o tempo de Copérnico. É verdade. Mas muitas vezes princípios são reconhecidos muito antes que suas plenas consequências sejam extraídas. Muito embora esse princípio fosse teoricamente reconhecido por todos os físicos, grande parte da física tradicional é incompatível com ele.

Existia um conjunto de regras que causava constrangimento às pessoas de espírito filosófico, mas era aceito pelos físicos porque funcionava na prática. Locke havia distinguido as qualidades "secundárias" — cores, ruídos, gostos, cheiros etc. — como subjetivas, admitindo ao mesmo tempo que as qualidades "primárias" — formas, posições e tamanhos — eram propriedades genuínas dos objetos físicos. As regras que os físicos adotavam eram as que podiam ser inferidas dessa doutrina. Admitia-se que cores e ruídos eram subjetivos, embora resultassem de ondas que se propagavam numa velocidade definida — a da luz ou a do som, conforme o caso — de sua fonte até o olho ou o ouvido de quem os percebia. As formas aparentes variam de acordo com as leis da perspectiva, mas estas são simples, e é fácil inferir as formas "reais" a partir de várias formas visuais aparentes; além disso, as formas "reais" podem ser verificadas pelo tato no caso de corpos na nossa vizinhança. O tempo objetivo de uma ocorrência física pode ser inferido do tempo em que a percebemos descontando-se a velocidade de transmissão — da luz, do som ou de fluxos nervosos, segundo as circunstâncias. Essa era a concepção adotada pelos físicos na prática, fossem quais fossem as desconfianças que eles pudessem ter delas em momentos não profissionais.

Essa concepção funcionou bastante bem até que os físicos começaram a se preocupar com velocidades muito maiores que as comuns na superfície da Terra. Um trem expresso percorre cerca de 3 km em um minuto; os planetas deslocam-se alguns quilômetros em um segundo. Os cometas, quando próximos do Sol, deslocam-se muito mais rapidamente, mas como suas formas estão em constante mudança, é impossível determinar suas posições de maneira muito precisa. Na prática, os planetas eram os corpos de movimento mais rápido a que a dinâmica podia ser adequadamente aplicada. Com a descoberta da radioatividade e dos raios cósmicos, e, recentemente, com a construção de máquinas aceleradoras de alta energia, abriram-se novas amplitudes de observação. Passou-se a poder observar partículas subatômicas individuais, que se movem com velocidades não muito menores que a da luz. O comportamento de corpos que se movem a essas enormes velocidades não é o que as antigas teorias nos teriam levado a esperar. Para começar, a massa parece aumentar com a velocidade de uma maneira perfeitamente definida. Quando um elétron está se movendo muito depressa, verifica-se que uma força tem menos efeito sobre ele do que quando se move devagar. Depois, surgiram razões para se pensar que o tamanho do corpo é afetado por seu movimento — por exemplo, se você tomar um cubo e o mover muito rapidamente, ele ficará mais estreito na direção de seu movimento do ponto de vista de uma pessoa que não está se movendo com ele, embora de seu próprio ponto de vista (isto é, para um observador que esteja se deslocando com ele) permaneça exatamente como era. Mais surpreendente ainda foi a descoberta de que a passagem do tempo depende do movimento; isto é, dois relógios perfeitamente certos, um dos quais está sendo deslocado muito rapidamente em relação ao outro, não marcarão a mesma hora se forem novamente reunidos após a jornada. Esse efeito é tão pequeno que até hoje não foi possível testá-lo diretamente,[1] mas provavelmente poderemos pô-lo à prova se algum dia conseguirmos realizar viagens interestelares, porque nesse caso faríamos jornadas longas o bastante para que essa "dilatação do tempo", como é chamada, se tornasse realmente perceptível.[2]

Há algumas provas diretas da dilatação do tempo, mas chegamos a elas de uma maneira diferente. Essas provas vêm de observações dos raios cósmicos, que consistem numa variedade de partículas atômicas que provêm do espaço sideral e se movem muito rapidamente através da atmosfera da Terra. Algumas dessas partículas, chamadas mésons, desintegram-se na trajetória, e essa desintegração pode ser observada. Verifica-se que, quanto mais rapidamente um méson se move, mais

---

[1] Ele foi testado em 1971. É o famoso experimento de Hafele e Keating, publicado em *Science*, 1972, 177. (N.R.T.)

[2] O segredo foi construir relógios atômicos de alta precisão. (N.R.T.)

tempo ele leva para se desintegrar do ponto de vista de um cientista na Terra. Resultados desse tipo revelam que as medidas que fazemos com relógios e réguas, e que costumavam ser consideradas o suprassumo da ciência impessoal, na realidade dependem em parte de nossas circunstâncias pessoais, isto é, da maneira como estávamos nos movendo em relação aos corpos medidos.

Isso mostra que temos de traçar uma linha diferente da usual quando queremos distinguir o que pertence ao observador e o que pertence à ocorrência que está sendo observada. Quando você usa óculos de lentes azuis, sabe que o aspecto azulado das coisas se deve aos óculos, e não ao que está vendo. Mas digamos que você observe dois flashes e registre o intervalo de tempo entre suas observações. Se seu cronômetro for exato, se você souber onde os sinais luminosos ocorreram e descontar nos dois casos o tempo que a luz leva para alcançá-lo, certamente poderá pensar que descobriu o intervalo de tempo real entre os dois flashes, e não alguma coisa que diga respeito somente a você. Sua convicção será confirmada porque todos os outros observadores cuidadosos a que você tem acesso concordam com suas estimativas. No entanto, essa concordância é fruto apenas do fato de que tanto você quanto os demais observadores estão na Terra e partilham do movimento dela. Mesmo dois observadores dentro de foguetes movendo-se em direções opostas teriam no máximo uma velocidade relativa de cerca de 56.000 km/h, o que é muito pouco se comparado a 300.000 km/s (a velocidade da luz). Se um elétron que se desloca a 272.000 km/s pudesse observar o tempo entre os dois flashes, chegaria a uma estimativa muito diferente, depois de descontar inteiramente a velocidade da luz. Talvez o leitor esteja perguntando como posso saber isso. Não sou um elétron, não posso me mover com essas velocidades fabulosas, nenhum cientista jamais fez observações capazes de provar a verdade das minhas afirmações. No entanto, como veremos a seguir, há bons fundamentos para minha afirmativa: ela se fundamenta, em primeiro lugar, em experimentos e — o que é notável — em raciocínios que se poderiam fazer em qualquer momento, mas só foram desenvolvidos depois que alguns experimentos mostraram que os raciocínios antigos certamente estavam errados.

A teoria da relatividade recorre a um princípio geral que se revela mais poderoso do que se poderia supor. Quando você sabe que uma pessoa é duas vezes mais rica que outra, esse fato deve aparecer igualmente, quer você avalie a riqueza de ambas em libras, dólares, francos ou qualquer outra moeda. Os números que representam a riqueza de ambas mudarão, mas um será sempre o dobro do outro. O mesmo tipo de coisa, sob formas mais complicadas, aparece também na física. Como todo movimento é relativo, podemos tomar qualquer corpo que queiramos como nosso corpo padrão de referência, e avaliar todos os outros movimentos em relação a ele. Quando, dentro de um trem, você anda para o vagão-restaurante, naquele momento você tende a tratar o trem como fixo e avalia seu movimento em relação a ele. Mas quando pensa na viagem que está fazendo, você toma a Terra como fixa e diz que está se movendo à taxa de 96 km/h. Um astrônomo interessado no sistema solar toma o Sol como fixo e considera que nós estamos girando e nos movendo; comparado a esse movimento, o do trem é tão lento que praticamente inexiste. Um astrônomo interessado no universo estelar pode calcular o movimento do Sol relativamente à média das estrelas. Não podemos dizer que uma dessas maneiras de avaliar o movimento é mais correta que outra; todas se revelam perfeitamente corretas assim que o corpo de referência é designado. Ora, assim como podemos avaliar uma fortuna em diferentes moedas sem alterar suas relações com outras fortunas, assim também podemos avaliar o movimento de um corpo usando diferentes corpos de referência sem alterar suas relações com outros movimentos. E como a física se interessa exclusivamente por relações, deve ser possível expressar todas as suas leis referindo todos os movimentos a determinado corpo definido como padrão.

Podemos expressar isso de outra maneira. O objetivo da física é informar sobre o que realmente acontece no mundo físico, e não apenas sobre as percepções pessoais de observadores distintos. A física deve, portanto, considerar aquelas características que um processo físico tem para todos os observadores, pois somente estas podem ser consideradas pertencentes à própria ocorrência física. Isso requer que as *leis* relativas aos fenômenos sejam as mesmas, quer os fenômenos sejam descritos tal como aparecem para um ou para outro observador. Esse único princípio é o motivo gerador de toda a teoria da relatividade.

Ora, descobriu-se que o que até hoje consideramos propriedades espaciais e temporais das ocorrências físicas em grande parte dependem do observador; apenas um resíduo pode ser atribuído às ocorrências em si mesmas, e apenas esse resíduo pode ser envolvido na formulação de qualquer lei física para que ela tenha uma chance *a priori* de ser verdadeira. Einstein encontrou, pronto para ser usado, um instrumento da matemática pura, chamado teoria dos tensores, em cujos termos é possível expressar leis que incorporam o resíduo objetivo e concordam aproximadamente com as leis antigas. Nos aspectos em que diferem das antigas, até agora as previsões da teoria da relatividade se provaram mais de acordo com a observação.

Se o mundo físico não tivesse nenhuma realidade, se não passasse de uma pluralidade de sonhos sonhados por diferentes pessoas, não esperaríamos encontrar nenhuma lei que associasse os sonhos de uma pessoa aos de outra. É a estreita ligação existente entre as percepções de uma pessoa e as percepções (aproximadamente) simultâneas de outra que nos faz acreditar numa origem externa comum das diferentes percepções relacionadas. A física explica tanto as semelhanças quanto as diferenças entre as percepções que diferentes pessoas têm do que chamamos a "mesma" ocorrência. Para isso, porém, o físico precisa antes descobrir quais são exatamente essas semelhanças. Elas não são as mesmas que tradicionalmente se supunha, porque nem o espaço nem o tempo, em separado, podem ser tomados como estritamente objetivos. O que é objetivo é uma espécie de mistura de ambos chamada "espaço-tempo". Explicar isso não é fácil, mas é preciso tentar. Isso começará a ser feito no próximo capítulo.

Capítulo III
A velocidade da luz

A maior parte das curiosidades que a teoria da relatividade encerra está ligada à velocidade da luz. O leitor não será capaz de entender o que levou a essa importante reconstrução teórica se não tiver alguma ideia dos fatos que fizeram o antigo sistema ruir.

O fato de que a luz é transmitida com uma velocidade definida foi estabelecido em primeiro lugar por observações astronômicas. Às vezes os satélites de Júpiter são eclipsados pelo planeta e é fácil calcular em que momentos isso deve ocorrer. Verificou-se que, quando Júpiter estava próximo da Terra, o eclipse de um dos satélites era observado alguns minutos antes do previsto; já quando Júpiter estava distante, ele acontecia alguns minutos depois do esperado. Descobriu-se que era possível explicar todos esses desvios supondo que a luz tem certa velocidade, assim, o fenômeno que observamos em Júpiter aconteceu na verdade um pouco antes — um tempo maior quando Júpiter está distante do que quando está próximo. Verificou-se que a velocidade da luz explicava igualmente fatos semelhantes com relação a outras partes do sistema solar. Admitiu-se portanto que a luz *in vacuo* sempre se desloca a uma taxa constante, de quase exatamente 300.000 km/s. Quando ficou estabelecido que a luz consiste em ondas, passou-se a considerar que essa velocidade era a da propagação das ondas no éter — pelo menos costumava ser, mas agora o éter foi abandonado, embora a onda permaneça. As ondas de rádio (semelhantes às de luz, apenas mais longas) e de raios X (semelhantes às ondas de luz, apenas mais curtas) deslocam-se com essa mesma velocidade. Hoje se considera em geral que essa é a velocidade com que a gravitação se propaga (antes da descoberta da teoria da relatividade, pensava-se que a gravitação se propagava instantaneamente, mas hoje essa ideia é insustentável).

Até aí, tudo correu sem percalços. Mas à medida que foi se tornando possível fazer medidas mais precisas, dificuldades começaram a se acumular. Supunha-se que as ondas estavam no éter, e portanto sua velocidade deveria ser relativa ao éter. Ora, como o éter (se é que ele existe) claramente não oferece nenhuma resistência aos movimentos dos corpos celestes, pareceria natural supor que não partilhasse seu movimento. Se a Terra tivesse de empurrar uma grande quantidade de éter à sua frente, mais ou menos como um barco a vapor empurra água diante de si, seria de se esperar, da parte do éter, uma resistência análoga à que a água oferece ao barco. A concepção geral, portanto, era que o éter podia passar através dos corpos sem dificuldade, como o ar por uma peneira grossa, só que ainda mais. Se fosse esse o caso, a Terra deveria ter em sua órbita uma velocidade relativa ao éter. Se por acaso, em algum ponto de sua órbita, ela se movesse exatamente com o éter, em outros deveria se mover através dele ainda mais depressa. Quando saímos para dar uma caminhada ao longo do círculo num dia ventoso, temos de andar contra o vento em parte do passeio, seja qual for a direção em que ele esteja soprando; o princípio nesse caso é o mesmo. Segue-se que, se escolhermos dois dias separados por um intervalo de seis meses, em que a Terra estará se movendo em sua órbita em direções exatamente opostas, em pelo menos um desses dias ela deveria estar se movendo contra um vento de éter.[3]

Mas se há um vento de éter, é claro que, relativamente a um observador na Terra, sinais luminosos pareceriam se deslocar mais rapidamente com o vento do que transversalmente a ele, e mais depressa transversalmente a ele do que contra ele. Foi isso que Michelson e Morley se dispuseram a testar com seu famoso experimento. Eles enviaram sinais luminosos em duas direções em ângulos retos; cada qual foi refletido por um espelho e retornou ao lugar de que havia sido emitido. Ocorre que, como qualquer pessoa pode verificar, seja por experiência ou por um pouco de aritmética, levamos um pouco mais de tempo para remar determinada distância num rio contra a corrente e depois de volta do que para remar a mesma distância transversalmente à corrente e de volta. Portanto, se houvesse um vento de éter, um dos dois sinais luminosos, que consistiriam em ondas no éter, deveria ter ido até o espelho e voltado numa taxa média mais lenta que o outro. Michelson e Morley tentaram o experimento, repetiram-no em várias posições, tentaram de novo mais tarde. Sua aparelhagem era suficientemente precisa para

---

[3] Na verdade, isso não aconteceria necessariamente. O vento de éter poderia estar de través. (N.R.T.)

detectar a diferença de velocidade esperada ou até uma diferença muito menor, se existisse alguma, mas não foi possível observar nenhuma. O resultado foi tão surpreendente para eles mesmos quanto para os demais; mas repetições cuidadosas eliminaram qualquer possibilidade de dúvida. Realizado pela primeira vez em 1881, o experimento foi reproduzido de maneira mais cuidadosa em 1887. Passaram-se muitos anos, no entanto, antes que ele pudesse ser corretamente interpretado.

Verificou-se que a suposição de que a Terra leva consigo o éter circundante em seu movimento era impossível por várias razões. Em consequência, pareceu surgir um impasse lógico, do qual os físicos procuraram se desvencilhar inicialmente mediante hipóteses bastante arbitrárias. A mais importante delas foi a de Fitzgerald, desenvolvida por Lorentz e hoje conhecida como a hipótese da contração de Lorentz.

Segundo ela, quando um corpo está em movimento, ele é encurtado na direção do movimento em uma certa proporção que depende de sua velocidade. A medida da contração deveria ser suficiente para explicar o resultado negativo do experimento Michelson-Morley. A jornada corrente acima e depois abaixo deveria ter sido realmente mais curta que a jornada transversal à corrente, e deveria ter sido mais curta exatamente o bastante para permitir à onda de luz mais lenta atravessá-la no mesmo tempo. O encurtamento nunca poderia, é claro, ser detectado por medição, porque as réguas que usamos para medi-lo sofreriam o mesmo efeito. Uma régua posta na linha do movimento da Terra seria mais curta que a mesma régua posta em ângulos retos com esse movimento. Esse ponto de vista era notavelmente semelhante ao plano do Cavaleiro Branco de "pintar de verde as suíças e depois usar um abano pra impedir que fossem vistas".[4] O curioso foi que o plano funcionou muito bem. Mais tarde, quando Einstein propôs a teoria especial da relatividade (1905), descobriu-se que a hipótese era correta em certo sentido, mas só em certo sentido. Ou seja, a suposta contração não é um fato físico, mas o resultado de certas convenções de medição que, depois que se chega ao ponto de vista correto, parecem ser de adoção obrigatória. Mas ainda não desejo expor a solução de

---

[4] Em *Através do espelho e o que Alice encontrou por lá*, de Lewis Carroll. (N.T.)

Einstein para o enigma. Por enquanto, é a natureza do próprio enigma que quero esclarecer.

Aparentemente, e deixando de lado hipóteses *ad hoc*, o experimento Michelson-Morley (juntamente com outros) mostrou que, relativamente à Terra, a velocidade da luz é a mesma em todas as direções, e que isso é igualmente verdadeiro em qualquer momento do ano, embora a direção do movimento da Terra esteja sempre mudando à medida que ela gira em volta do Sol. Ficou claro também que isso não é uma peculiaridade da Terra, sendo verdadeiro no tocante a todos os corpos: quando um sinal luminoso é enviado a partir de um corpo, esse corpo permanece no centro das ondas enquanto elas se deslocam para fora, não importa como esteja se movendo — pelo menos essa será a visão de observadores que se movam com o corpo. Esse era o sentido puro e simples dos experimentos, e Einstein conseguiu inventar uma teoria que obedecia a ele. De início, porém, pensou-se que era logicamente impossível admitir esse sentido puro e simples.

Alguns exemplos mostrarão bem como os fatos são estranhos. Um projétil, quando disparado, se move mais depressa que o som: as pessoas em cuja direção ele é atirado primeiro veem o clarão, depois (se tiverem sorte), a bala passa por elas e finalmente ouvem o estampido. É claro que, se alguém pudesse se deslocar junto com a bala, nunca ouviria a detonação, pois o projétil explodiria e a mataria antes que o som a alcançasse. Mas se o som obedecesse aos mesmos princípios que a luz, quem viajasse com a bala ouviria tudo exatamente como se estivesse parado. Nesse caso, se uma tela, adequada para produzir ecos, fosse presa ao projétil e se deslocasse com ele, digamos 90 m à frente dele, a pessoa ouviria o eco da detonação a partir da tela após exatamente o mesmo intervalo de tempo em que o ouviria se ela e o projétil estivessem em repouso. Obviamente, este é um experimento que não pode ser realizado, mas outros que podem mostrarão a diferença. Poderíamos encontrar um lugar numa estrada de ferro em que houvesse um eco vindo de um ponto mais adiante dela — digamos, um lugar em que a ferrovia penetrasse num túnel. Suponhamos que, quando o trem está se deslocando pela ferrovia, alguém na sua margem dê um tiro. Se o trem estiver seguindo na direção do eco, os passageiros ouvirão o eco mais cedo que a pessoa postada na margem da ferrovia; se estiver seguindo na direção oposta, o ouvirão mais tarde. Mas essas não são exatamente as mesmas circunstâncias do experimento Michelson--Morley. Nele, os espelhos correspondem ao eco, e eles estão se movendo com a Terra, de modo que o eco deveria se mover com o trem. Suponhamos que o tiro seja disparado do vagão da guarda, e que o eco venha de uma tela fixada na locomotiva. Suponhamos que a distância entre o vagão da guarda e a locomotiva seja aquela que o som pode percorrer em um segundo (cerca de 330 m), e a velocidade do trem seja $\frac{1}{12}$ da velocidade do som (cerca de 100 km/h). Agora temos um experimento que pode ser realizado pelas pessoas que estão no trem. Se o trem estivesse em repouso, o guarda ouviria o eco em dois segundos; mas, nas circunstâncias presentes, ele o ouvirá em dois e 2,014 segundos. A partir dessa diferença, conhecendo a velocidade do som, é possível calcular a velocidade do trem, mesmo que a noite esteja brumosa e não seja possível ver as margens da ferrovia. Mas se o som se comportasse como a luz, o eco seria ouvido pelo guarda após dois segundos, fosse qual fosse a velocidade do trem.

Várias outras ilustrações ajudam a mostrar como os fatos relacionados à velocidade da luz são extraordinários do ponto de vista da tradição e do senso comum. Todos nós sabemos que, numa escada rolante, chegamos ao topo mais cedo se subirmos os degraus em vez de ficarmos parados. Mas se a escada rolante se movesse com a velocidade da luz (o que ela não faz, nem em Nova York), chegaríamos ao topo exatamente no mesmo instante, quer subíssemos os degraus, quer ficássemos parados. Ou por outra: se você estiver caminhando por uma estrada a 6 km/h, e um automóvel o ultrapassar na mesma direção a 60 km/h, se você e o automóvel se mantiverem ambos em movimento, a distância entre os dois após uma hora será de 54 km. Mas se o automóvel o cruzasse, seguindo na direção oposta, a distância após uma hora seria de 66 km. Ora, se o automóvel estivesse viajando com a velocidade da luz, não faria nenhuma diferença que ele o ultrapasse ou cruzasse: em ambos os casos, um segundo depois ele estaria a 300.000 km de distância de você. Estaria igualmente a 300.000 km de distância de qualquer outro automóvel que tivesse passado ou cruzado por você no segundo anterior. Isso parece impossível: como pode o automóvel estar à mesma distância de vários pontos diferentes ao longo da estrada?

Tomemos outra ilustração. Quando uma mosca toca a superfície de um poço estagnado, produz ondulações que se moverão para fora em círculos cada vez mais amplos. Em qualquer momento, o centro do círculo é o ponto do poço tocado pela mosca. Se a mosca se mover pela superfície do poço, não permanecerá no centro das ondulações. Mas se as ondulações fossem ondas de luz, e a mosca fosse um físico competente, ela constataria que continuaria sempre no centro das ondulações, não importa como se mexesse. Por outro lado, um físico competente sentado à beira do poço julgaria, como no caso das ondulações comuns, que o centro não era a mosca, mas o ponto do poço tocado pela mosca. E se uma outra mosca tivesse tocado a água no mesmo ponto no mesmo instante, ela também pensaria que continuava no centro das ondulações, mesmo que se afastasse muito da primeira mosca. Isso é exatamente análogo ao que ocorre no experimento Michelson-Morley. O poço corresponde ao éter; a mosca corresponde à Terra; o contato da mosca com o poço corresponde ao sinal luminoso que os senhores Michelson e Morley emitiram; e as ondulações correspondem às ondas de luz.

À primeira vista, esse estado de coisas parece completamente impossível. Não espanta que, embora realizado em 1881, o experimento Michelson-Morley só tenha vindo a ser corretamente interpretado em 1905. Vejamos, exatamente, o que estivemos dizendo. Tomemos o exemplo do pedestre e do automóvel. Suponhamos que haja várias pessoas no mesmo ponto de uma estrada, algumas caminhando, outras de automóvel; suponhamos que se movem com diferentes velocidades e em diferentes direções. O que estou dizendo é que se, nesse momento, um flash de luz for emitido do lugar em que todas estão, após um segundo, pelo relógio de cada uma delas, as ondas de luz estão a 300.000 km de cada uma, embora elas já não estejam mais no mesmo lugar. Ou seja, passado um segundo pelo seu relógio, a luz estará a 300.000 km de você, e igualmente a 300.000 km de todas as pessoas que estavam junto com você quando ela foi emitida após um segundo pelos relógios delas, mesmo que estivessem se movendo na direção oposta à sua — considerando-se que todos os relógios em questão estão perfeitamente certos. Como isso é possível?

Há uma única maneira de explicar fatos como esse, e ela consiste em admitir que os relógios são afetados pelo movimento. Não quero dizer que são afetados no sentido de que poderiam ser montados para ser mais precisos; quero dizer algo de muito mais fundamental. Quero dizer que, se você diz que uma hora se passou entre dois eventos, e baseia esta afirmação em medidas idealmente cuidadosas feitas com cronômetros idealmente precisos, outra pessoa igualmente precisa, que estava se movendo rapidamente em relação a você, pode julgar que se passou mais ou menos do que uma hora. Não é possível dizer que você está certo e a outra pessoa errada, da mesma maneira como não se poderia dizer isso se você estivesse usando um relógio acertado pela hora de Greenwich e a outra pessoa um que mostrasse a hora de Nova York. Como isso acontece é o que explicarei no próximo capítulo.

Há várias outras coisas curiosas em relação à velocidade da luz. Uma delas é que nenhum corpo material pode jamais se deslocar tão rapidamente quanto a luz, por maior que seja a força a que esteja exposto, e por maior que seja o tempo de atuação dessa força. Um exemplo pode ajudar a esclarecer isto. Em exposições, vemos às vezes uma série de plataformas móveis girando em um círculo. A plataforma exterior move-se a 6 km/h; a seguinte move-se 6 km/h mais depressa que a primeira; e assim por diante. Você pode ir passando de uma para outra até estar se movendo numa velocidade espantosa. Ora, você pode pensar que, se a primeira plataforma faz 6 km/h e a segunda faz 6 km/h em relação à primeira, a segunda faz 12 km/h em relação ao solo. Isso é um erro; ela faz um pouco menos, embora tão pouco menos que nem mesmo as medições mais cuidadosas seriam capazes de detectar a diferença. Quero deixar bem claro o que estou querendo dizer. Suponha que, de manhã, quando a aparelhagem está prestes a ser acionada, você pinte uma linha branca no solo e outra em frente a ela em cada uma das duas primeiras plataformas. Em seguida você se posta junto à marca branca na primeira plataforma e gira com ela. A primeira plataforma move-se a 6 km/h com relação ao solo, e a segunda, a 6 km/h em relação à primeira. Os 6 km/h correspondem a 100 m/min. Passado um minuto pelo seu relógio, você registra a distância de sua plataforma e do chão, e também a distância entre as marcas das duas plataformas. Cada uma dessas distâncias vale 107 m. Agora você salta da primeira plataforma para o solo. Finalmente, mede a distância, no solo, entre a marca branca com que começou e a posição que registrou, após um minuto de viagem, em frente à marca branca na segunda plataforma. Problema: qual será a distância entre elas? Você diria duas vezes 100 m, isto é, 214 m. Mas na verdade ela será um pouco menor, embora tão pouco que isso não pode ser medido. A discrepância resulta do fato de que, segundo a teoria da relatividade, velocidades não podem ser somadas pelas regras tradicionais. Se você tivesse uma longa série dessas plataformas móveis, cada uma se movendo a 6 km/h em relação à outra, você nunca chegaria a um ponto em que a última estaria se movendo com a velocidade da luz em relação ao solo, mesmo que as plataformas somassem milhões. A discrepância, que é muito pequena para pequenas velocidades, torna-se maior à medida que a velocidade aumenta, e faz da velocidade da luz um limite inalcançável. Como isso acontece é o próximo tópico de que deveremos tratar.

Capítulo IV
Relógios e réguas

Até o advento da teoria da relatividade especial, ninguém havia pensado que podia existir alguma ambiguidade na afirmação de que dois eventos aconteceram em lugares diferentes no mesmo instante. Podia-se admitir que, se eles ocorrem em lugares muito distantes entre si, talvez houvesse dificuldade em averiguar com segurança que haviam sido simultâneos, mas o sentido da afirmação parecia perfeitamente preciso para todos. O que se descobriu, no entanto, é que isso era um erro. Dois eventos em lugares distantes podem parecer simultâneos para um observador que tomou todas as devidas precauções para assegurar a precisão (e, em particular, levou em conta a velocidade da luz), enquanto outro observador igualmente cuidadoso pode avaliar que o primeiro evento precedeu o segundo, e um terceiro pode considerar que o segundo precedeu o primeiro. Isso aconteceria se os três observadores estivessem todos se movendo rapidamente uns em relação aos outros. Não é que um estaria certo e os outros dois errados: todos os três estariam igualmente certos. A ordem temporal dos eventos é em parte dependente do observador; não é sempre e inteiramente uma relação intrínseca entre os próprios eventos. A teoria da relatividade mostra não só que essa concepção explica os fenômenos, como também que um raciocínio cuidadoso baseado nos dados antigos deveria ter levado a ela. O fato, contudo, foi que só se prestou atenção à base lógica da teoria da relatividade depois que estranhos resultados experimentais deram uma sacudida na capacidade de raciocínio das pessoas.

Como deveríamos estabelecer com segurança que dois eventos em lugares diferentes foram simultâneos? Certamente diríamos: eles são simultâneos se forem vistos simultaneamente por uma pessoa que está exatamente a meia distância entre um e outro. (Não há nenhuma dificuldade quanto à simultaneidade de dois eventos no *mesmo* lugar, como, por exemplo, ver uma luz e ouvir um ruído.) Suponhamos que dois flashes de luz incidam em dois lugares diferentes, digamos o Observatório de Greenwich e o Observatório de Kew. Suponhamos que a catedral de Saint Paul está a meio caminho entre eles, e que os flashes parecem simultâneos para um observador que está sobre o domo da catedral. Nesse caso, uma pessoa que esteja em Kew verá o flash de Kew primeiro, e uma que esteja em Greenwich verá o flash de Greenwich primeiro, por causa do tempo que a luz leva para se deslocar pela distância que separa os dois observatórios. Mas se forem observadores idealmente precisos, todas as três pessoas julgarão que os dois sinais luminosos foram simultâneos, porque farão o necessário desconto do tempo de transmissão da luz. (Estou supondo um grau de precisão muito acima da capacidade humana.) Assim, no que diz respeito a observadores na Terra, a definição de simultaneidade funcionará bastante bem, contanto que estejamos tratando de eventos que ocorrem na superfície da Terra. Ela fornece resultados compatíveis entre si e pode ser usada na física terrestre para todos os problemas em que podemos desconsiderar o fato de que a Terra se move.

Mas nossa definição deixará de ser tão satisfatória quando tivermos dois conjuntos de observadores em rápido movimento um em relação ao outro. Vejamos o que aconteceria se trocássemos luz por som e definíssemos duas ocorrências como simultâneas quando são ouvidas simultaneamente por alguém que está a meio caminho entre uma e outra. Isso não altera nada no princípio, mas torna a questão mais fácil por causa da velocidade muito menor do som. Suponhamos que numa noite brumosa dois bandidos atiram no guarda e no maquinista de um trem. O guarda está no fim do trem; os bandidos estão a bordo e atiram em suas vítimas à queima-roupa. Uma passageira que está exatamente no meio do trem ouve os dois tiros simultaneamente. Diríamos, portanto, que os dois tiros foram simultâneos. Mas um chefe de estação, que está parado no solo exatamente a meio caminho entre os dois bandidos, ouve primeiro o tiro que mata o guarda. Uma milionária australiana, tia do guarda e do maquinista (que vêm a ser primos) deixou toda a sua fortuna para o guarda, ou, caso ele morresse primeiro, para o maquinista. Vastas somas estavam envolvidas na questão de quem morreu primeiro. O caso chega à Câmara dos Lordes, e os advogados dos dois lados, todos formados em Oxford, concordam que ou a passageira ou o chefe da estação devem ter cometido um engano. A verdade, porém, é que ambos podiam estar perfeitamente certos. O trem estava se afastando do tiro dado no guarda e rumando para o tiro dado no maquinista; portanto, o barulho do tiro dado no guarda tinha de fazer um percurso maior antes de chegar à passageira que o barulho do tiro dado no maquinista. Portanto, se a passageira estava certa ao dizer que ouvira as duas detonações simultaneamente, o agente ferroviário estava igualmente certo ao dizer que ouvira o tiro dado no guarda primeiro.

Num caso como esse, nós, que vivemos na Terra, certamente preferiríamos a percepção de simultaneidade que teve uma pessoa que estava no solo à percepção de uma que estava viajando num trem. Mas na física teórica não há lugar para preconceitos paroquiais desse tipo. Se houvesse um físico em um cometa, ele teria tanto direito à percepção de simultaneidade quanto um físico terrestre, mas os resultados obtidos por um e outro seriam diferentes, da mesma maneira que em nossa ilustração do trem e dos tiros. O movimento do trem não é em nenhuma medida mais "real" que o da Terra; a questão nada tem a ver com "realidade". Imagine um coelho e um hipopótamo discutindo se os seres humanos são animais "realmente" grandes; cada um veria seu ponto de vista como o natural, e o do outro como puro exagero. Discutir se é a Terra ou o trem que estão "realmente" em movimento é igualmente sem sentido. Portanto, quando estamos definindo simultaneidade entre eventos distantes, não temos nenhum direito a escolher entre corpos diferentes a serem usados na definição do ponto intermediário entre os eventos. Todos os corpos têm igual direito a serem escolhidos. Mas se, para um corpo, os dois eventos são simultâneos segundo a definição, haverá outros para os quais o primeiro evento precede o segundo, e outros ainda para os quais o segundo precede o primeiro. Não podemos, portanto, dizer de maneira inequívoca que eventos em lugares distantes são simultâneos. Uma afirmação como essa só adquire um sentido definido em relação a um observador definido. Ela pertence à parte subjetiva de nossa observação dos fenômenos físicos, e não à parte objetiva que deve integrar as leis físicas.

Talvez a questão do tempo em lugares diferentes seja o aspecto da teoria da relatividade que mais desafia a nossa imaginação. Estamos habituados à ideia de que tudo pode ser datado. Historiadores beneficiam-se do fato de ter havido um eclipse do Sol visível na China em

29 de agosto do ano 776 a.C.⁵* Não há dúvida de que os astrônomos poderiam dizer exatamente a hora e o minuto em que esse eclipse se tornou total em qualquer ponto dado do norte da China. E parece óbvio que podemos falar das posições dos planetas num dado instante. A teoria newtoniana nos permite calcular a distância entre a Terra e (digamos) Júpiter num momento dado pelos relógios de Greenwich; isso nos permite saber quanto tempo a luz leva para viajar nesse momento de Júpiter à Terra — digamos, meia hora —, e isso por sua vez nos permite inferir que meia hora atrás Júpiter estava onde o vemos agora. Tudo isto parece óbvio. Mas de fato só funciona na prática, porque as velocidades relativas dos planetas são muito pequenas em relação à velocidade da luz. Quando você avalia que um evento na Terra e um evento em Júpiter aconteceram no mesmo instante — por exemplo, que Júpiter eclipsou um de seus satélites quando os relógios de Greenwich marcavam meia-noite —, uma pessoa que estivesse se movendo rapidamente em relação à Terra teria uma percepção diferente, supondo-se que você e ela tivessem levado devidamente em conta a velocidade da luz. Sem dúvida essa discordância quanto à simultaneidade envolve uma discordância com relação a períodos de tempo. Quando julgamos que dois eventos em Júpiter estão separados por 24 horas, outra pessoa que esteja se movendo rapidamente em relação a Júpiter e à Terra poderia avaliar que estavam separados por um tempo maior.

A consequência é que o tempo cósmico universal, que antes nos parecia um ponto pacífico, não é mais admissível. Para cada corpo os eventos em sua vizinhança seguem uma ordem temporal definida; podemos chamar isso de o tempo "próprio" desse corpo. Nossa experiência pessoal é governada pelo tempo "próprio" de nosso próprio corpo. Como todos nós permanecemos quase estacionários sobre a Terra, os tempos próprios de diferentes seres humanos coincidem e podem ser englobados como o tempo terrestre. Mas esse é apenas o tempo apropriado para corpos *grandes* sobre a Terra. Para elétrons num laboratório, tempos muito diferentes seriam necessários;

---

5   Uma ode chinesa da época, após mencionar corretamente o dia do ano, continua: "Quando a lua fica escondida, / Isso é uma coisa à toa. / Mas agora que o Sol foi encoberto / Que horror!"

*   Com certeza não houve eclipse lunar na China em 776 a.C. (N.R.T.)

é porque insistimos em usar nosso próprio tempo que a massa dessas partículas parece aumentar com movimento rápido. Do ponto de vista das próprias partículas, sua massa permanece constante, e somos nós que emagrecemos ou engordamos de repente. A história de um físico tal como observada por um elétron lembraria as viagens de Gulliver.

Surge então a pergunta: o que é realmente medido por um relógio? Quando falamos de um relógio na teoria da relatividade, não temos em mente apenas relógios fabricados por mãos humanas; estamos nos referindo a tudo que exiba um desempenho regular periódico. A Terra é um relógio, porque gira uma vez a cada 23 horas e 56 minutos. Um átomo é um relógio, porque emite ondas de luz de frequências muito definidas; elas são visíveis como linhas luminosas no espectro do átomo. O mundo está cheio de ocorrências periódicas, e mecanismos fundamentais, como átomos, mostram uma similaridade extraordinária em diferentes partes do universo. Podemos usar qualquer uma dessas ocorrências periódicas para medir o tempo; a única vantagem dos relógios fabricados pelo homem é a facilidade com que podem ser consultados. No entanto, alguns dos outros são mais precisos. Atualmente, o padrão de tempo é baseado na frequência de uma oscilação particular dos átomos de césio, que é muito mais uniforme do que um padrão baseado na rotação da Terra. Mas a questão permanece: se o tempo cósmico foi deixado de lado, o que é realmente medido por um relógio, no sentido amplo que acabamos de dar ao termo?

Cada relógio dá uma medida exata de seu tempo "próprio", o que, como logo veremos, é uma quantidade física importante. Mas não dá uma medida precisa de nenhuma quantidade física associada a eventos em corpos que estão se movendo rapidamente em relação a ele. Fornece-nos dados para a descoberta de uma quantidade física associada a esses eventos, mas um outro dado é necessário, e este tem de ser deduzido de medidas de distâncias no espaço. Distâncias no espaço, como períodos de tempo, em geral não são fatos físicos objetivos, dependendo em parte do observador. É preciso explicar agora como isso acontece.

Em primeiro lugar, temos de pensar na distância entre dois eventos, não entre dois corpos. Isso é uma consequência imediata do que descobrimos com relação ao tempo. Se dois corpos estão se movendo um em relação ao outro — e na verdade isso é o que sempre acontece —, a distância entre eles estará mudando continuamente, de modo que só podemos falar dessa distância num determinado instante. Se você está viajando de trem para Edimburgo, podemos falar na distância que você está de Edimburgo num dado instante. Mas, como dissemos, diferentes observadores avaliarão diferentemente o que é o "mesmo" instante para um evento no trem e um evento em Edimburgo. Isso torna a medida das distâncias relativa, da mesma maneira como se descobriu que a medida do tempo é relativa. Costumamos pensar que há dois tipos diferentes de intervalo entre dois eventos, um intervalo no espaço e um intervalo no tempo: entre sua partida de Londres e sua chegada a Edimburgo há 640 km e 10 horas. Já vimos que outros observadores avaliarão o tempo de maneira diferente; é ainda mais óbvio que avaliarão a distância de maneira diferente. Um observador no Sol julgará o movimento do trem absolutamente insignificante e avaliará que você viajou a distância percorrida pela Terra em sua órbita e sua rotação diurna. Por outro lado, uma pulga num vagão do trem julgará que você não se moveu em absoluto no espaço, e sim proporcionou a ela um período de prazer, que medirá por seu tempo "próprio", e não pelo do Observatório de Greenwich. Não se pode dizer que você, o morador do Sol ou a pulga estão errados: todos têm igualmente razão, e seria errôneo atribuir uma validade objetiva a medidas subjetivas. A distância entre dois eventos no espaço, em si mesma, portanto, não é um fato físico. Mas, como veremos, há um fato físico que pode ser inferido da distância no tempo combinada com a distância no espaço. Trata-se do que é chamado o "intervalo" no espaço-tempo.

Se tomarmos dois eventos quaisquer no universo, há duas possibilidades diferentes no tocante à relação entre eles. Pode ser fisicamente possível para um corpo deslocar-se de modo a estar presente em ambos os eventos ou não. Isso decorre do fato de nenhum corpo poder se deslocar tão rapidamente quanto a luz. Suponhamos, por exemplo, que um flash de luz seja enviado da Terra e refletido de volta pela Lua. O tempo entre o instante em que o flash é enviado e o retorno do reflexo será de cerca de dois segundos e meio. Nenhum corpo poderia se deslocar com a rapidez necessária para estar presente na Terra durante qualquer fração desses dois segundos e meio e também na Lua, no instante da chegada do sinal luminoso, porque para isso teria de se deslocar mais rapidamente que a luz. Teoricamente, porém, um corpo poderia estar presente na Terra em qualquer instante anterior ou posterior a esses dois segundos e meio, e também presente na Lua no instante da chegada do flash. Quando for fisicamente impossível para um corpo deslocar-se de modo a estar presente em ambos os eventos, diremos que o intervalo[6] entre os dois eventos é do "tipo espaço"; quando for fisicamente possível para um corpo estar presente em ambos os eventos, diremos que o intervalo entre os dois eventos é do "tipo tempo". Quando o intervalo é de "tipo espaço", é possível para um corpo mover-se de tal modo que um observador sobre ele julgará que os dois eventos são simultâneos. Nesse caso, o "intervalo" entre os dois eventos é o que esse observador julgará ser a distância no espaço entre eles. Quando o intervalo é de "tipo tempo", um corpo pode estar presente em ambos os eventos; nesse caso, o "intervalo" entre os dois eventos é o que um observador sobre o corpo julgará ser o tempo decorrido entre eles, isto é, é o tempo "próprio" entre os dois eventos. Há um caso limite entre os dois, quando os dois eventos são partes de um flash de luz — ou, como poderíamos dizer, quando um evento é a visão do outro. Nesse caso, o intervalo entre os dois eventos é zero.

Há portanto três casos: (1) Pode ser possível para um raio de luz estar presente em ambos os eventos; isso ocorre sempre que um deles é a visão do outro e, nesse caso, o intervalo entre os dois eventos é zero. (2) Pode acontecer que nenhum corpo possa se deslocar de um evento para o outro, porque para isso teria de fazê-lo mais depressa que a luz. Nesse caso, é sempre fisicamente possível para um corpo se deslocar de tal maneira que um observador sobre ele julgaria os dois eventos simultâneos. O intervalo é o que o observador julgaria ser a distância no espaço entre ambos. Um intervalo como esse é chamado intervalo de "tipo espaço". (3) Pode ser fisicamente possível para um corpo deslocar-se de modo a estar presente em ambos os eventos; nesse caso, o intervalo entre eles é o que o observador sobre tal corpo julgaria ser o tempo entre eles. Um intervalo como esse é chamado intervalo de "tipo tempo".

O intervalo entre dois eventos é um fato físico que diz respeito a eles, não depende das circunstâncias particulares do observador.

---

[6] Definirei intervalo logo adiante.

A teoria da relatividade tem duas formas, a especial e a geral. A primeira é geralmente apenas aproximativa, mas torna-se bastante exata a grandes distâncias de matéria gravitante. Sempre que a gravitação pode ser desconsiderada, a teoria especial pode ser aplicada, e, nesse caso, o intervalo entre dois eventos pode ser calculado se conhecermos a distância no espaço e a distância no tempo entre eles, tal como estimada por qualquer observador. Se a distância no espaço for maior que a distância que a luz percorreria nesse tempo, a separação é de tipo espaço. Portanto a seguinte construção dá o intervalo entre os dois eventos: trace uma linha AB tão longa quanto a distância que a luz percorreria no tempo; em torno de A descreva um círculo cujo raio é a distância no espaço entre os dois eventos; passando por B, trace BC perpendicular a AB, encontrando o círculo em C. Teremos então que BC será o comprimento do intervalo entre os dois eventos.

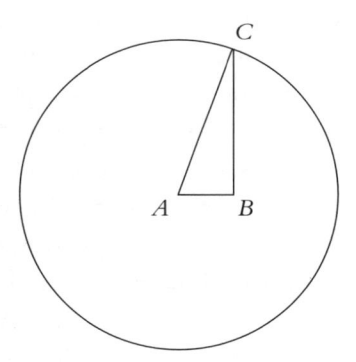

Quando a distância for de tipo tempo, use a mesma figura, mas deixe AC ser agora a distância que a luz percorreria no tempo, enquanto AB é a distância no espaço entre os dois eventos. O intervalo entre eles agora é o tempo que a luz levaria para percorrer a distância BC.

Embora AB e AC sejam diferentes para diferentes observadores, BC tem o mesmo comprimento para todos os observadores, sujeito a correções feitas pela teoria geral. Ela representa o intervalo único no espaço-tempo que substitui os dois intervalos no espaço e no tempo da física anterior. Por enquanto essa noção de intervalo pode parecer um tanto misteriosa, mas, à medida que prosseguirmos, esse mistério se dissipará, e sua razão de ser na natureza das coisas emergirá pouco a pouco.

Capítulo V

Espaço-tempo

Quem já ouviu falar de relatividade conhece a expressão "espaço-tempo" e sabe que o correto é usá-la nas ocasiões em que anteriormente teríamos dito "espaço e tempo". Muito pouca gente, porém, afora os matemáticos, tem uma ideia clara do que significa essa mudança no fraseado. Antes de continuar tratando da teoria da relatividade especial, quero tentar transmitir ao leitor o que está envolvido na nova expressão "espaço-tempo" porque, do ponto de vista filosófico, e no que diz respeito à imaginação, esta talvez seja a mais importante de todas as novidades introduzidas por Einstein.

Se você quer dizer onde e quando algum evento ocorreu — digamos, a explosão num avião —, terá de mencionar quatro quantidades, a saber, a latitude e a longitude, a altura em relação ao solo e a hora. Segundo a concepção tradicional, as três primeiras quantidades dão a posição no espaço, ao passo que a quarta dá a posição no tempo. As três quantidades que dão a posição no espaço podem ser determinadas das mais diversas maneiras. Você poderia, por exemplo, tomar o plano do equador, o plano do meridiano de Greenwich e o plano do meridiano a 90° de Greenwich e dizer a que distância o avião está de cada um desses planos; essas três distâncias seriam as chamadas "coordenadas cartesianas", em homenagem a Descartes. Você poderia tomar quaisquer outros três planos, todos em ângulo reto entre si, e continua tendo coordenadas cartesianas. Poderia também tomar a distância entre Londres e um ponto verticalmente abaixo do avião, a direção dessa distância (nordeste, oeste-sudoeste, ou qualquer que ela fosse) e a altura do avião sobre o solo. Há um grande número de maneiras de determinar a posição no espaço, todas igualmente legítimas; a escolha entre elas é mera questão de conveniência.

Quando as pessoas diziam que o espaço tem três dimensões, tinham em mente exatamente isto: que precisávamos de três quantidades para especificar a posição de um ponto no espaço, embora o método para determinar essas quantidades fosse inteiramente arbitrário.

Com relação ao tempo, pensava-se que a questão era inteiramente diferente. Julgava-se que os únicos elementos arbitrários no cálculo do tempo eram a unidade e o ponto do tempo a partir do qual o cálculo começava. Podia-se calcular usando a hora de Greenwich, de Paris ou de Nova York; isso fazia diferença com relação ao ponto de partida. Podia-se calcular em segundos, minutos, horas, dias ou anos; essa era uma diferença de unidade. As duas eram questões óbvias e triviais. Não havia nada correspondente à liberdade de escolha que existia quanto ao método de fixar posições no espaço. Em particular, considerava-se que os métodos de determinar posições no espaço e o de determinar posições no tempo podiam ser tratados como inteiramente independentes entre si. Por essas razões, o tempo e o espaço eram considerados inteiramente distintos.

A teoria da relatividade mudou isso. Existem agora várias maneiras de determinar posições no tempo, que não diferem apenas quanto à unidade e ao ponto de partida. Na realidade, como vimos, se um evento é simultâneo a outro num referencial, pode precedê-lo num segundo e ser posterior a ele num terceiro. Além disso, as medidas de espaço e tempo não são mais independentes uma da outra. Se você alterar o modo de medir a posição no espaço, poderá alterar também o intervalo de tempo entre dois eventos. Se alterar a maneira de medir o tempo, poderá alterar a distância no espaço entre dois eventos. Assim, espaço e tempo não são mais independentes do que o são as três dimensões do espaço. Continuamos precisando de quatro quantidades para determinar a posição de um evento, mas não podemos, como antes, isolar a quarta como completamente independente das outras três.

Não é inteiramente verdadeiro dizer que deixou de haver qualquer distinção entre espaço e tempo. Como vimos, há intervalos de tipo tempo e intervalos de tipo espaço. Mas a distinção é de uma espécie diferente daquela anteriormente admitida. Não há mais um tempo universal que possa ser aplicado sem ambiguidade a qualquer parte do universo; há somente os vários tempos "próprios" dos vários corpos no universo, que coincidem aproximadamente para dois corpos que não estejam em movimento rápido, mas nunca coincidem exatamente, a não ser para dois corpos em repouso um em relação ao outro.

A imagem do mundo exigida por esse novo estado de coisas é a seguinte. Suponha que um evento E acontece comigo e, simultaneamente, um flash de luz parte de mim em todas as direções. Tudo que acontece com qualquer corpo depois que essa luz o atingiu é seguramente posterior ao evento E em qualquer sistema de cálculo do tempo. Qualquer evento em qualquer lugar que eu teria podido ver antes que o evento E acontecesse comigo é seguramente anterior ao evento E em qualquer sistema de cálculo do tempo. Mas qualquer evento ocorrido no tempo intermediário não é seguramente anterior nem posterior ao evento E. Para deixar a questão clara: suponha que eu pudesse observar uma pessoa em Sirius, e o "siriano" pudesse me observar. Tudo que o siriano faz, e eu vejo, antes que o evento E aconteça comigo ocorre seguramente antes de E; tudo que o siriano faz depois de ver o evento E ocorre seguramente após E. Mas tudo que o siriano faz antes de ver o evento E, que eu vejo depois de o evento E acontecer, não ocorreu seguramente antes ou depois. Como a luz leva cerca de 8,5 anos para se deslocar de Sirius à Terra, isso dá um período de cerca de 17 anos em Sirius, que pode ser chamado "contemporâneo" de E, pois esses anos não estão seguramente antes ou depois de E.

Em sua *Theory of Time and Space*, o dr. A.A. Robb sugere um ponto de vista que, quer seja ou não filosoficamente fundamental, ajuda a compreender o estado de coisas que acabamos de descrever. Segundo ele, só se pode afirmar com segurança que um evento aconteceu *antes* de outro quando ele é capaz de influenciar esse outro de alguma maneira. Mas influências se disseminam a partir de um centro em velocidades variadas. Jornais exercem uma influência que emana de Londres a uma velocidade média de 32 km/h — muito mais para longas distâncias. Tudo que uma pessoa faça por ter lido um artigo de jornal é claramente subsequente à impressão do jornal. Sons deslocam-se muito mais rapidamente: seria possível instalar uma série de alto-falantes ao longo das estradas e fazer os jornais serem gritados de um para o outro. Mas telegrafar é mais rápido, e como os sinais de rádio deslocam-se com a velocidade da luz, não se poderia desejar nada mais rápido. Ora, o que alguém faz em consequência de ter recebido uma mensagem de rádio é feito *depois* que a mensagem foi enviada; o significado aqui é inteiramente independente das convenções relativas à medida do tempo. Mas nada que é feito enquanto a mensagem está a caminho pode ser influenciado pelo envio da mensagem, e não pode influenciar o remetente até um pouco depois do envio da mensagem; isto é, se dois corpos estão muito distantes um do outro, nenhum deles pode influenciar o outro exceto após um certo lapso de tempo; o que acontece antes que esse tempo tenha transcorrido não pode afetar o corpo distante. Suponhamos, por exemplo, que um evento notável ocorra no Sol: haverá um período de 16 minutos na Terra durante o qual nenhum evento que nela ocorra poderá ter influenciado ou sido influenciado pelo já mencionado evento notável no Sol. Isso constitui uma razão substancial para que encaremos esse período de 16 minutos na Terra como nem anterior nem posterior ao evento no Sol.

Os paradoxos da teoria da relatividade especial só são paradoxos porque não estamos acostumados a seu ponto de vista e temos o hábito de tomar determinadas coisas como líquidas e certas sem termos o direito de fazê-lo. Isso é especialmente verdadeiro no que diz respeito à medida de comprimentos. Na vida cotidiana, costumamos medir comprimentos usando uma régua ou alguma outra medida. No momento em que é aplicada, a régua está em repouso em relação ao corpo que está sendo medido. Em consequência, o comprimento a que chegamos pela medida é o comprimento "próprio", isto é, o comprimento do corpo tal como avaliado por um observador que partilha o movimento dele. Em nosso dia a dia, nunca temos de enfrentar o problema de medir um corpo em movimento contínuo. E mesmo que tivéssemos, as velocidades dos corpos visíveis na Terra são tão pequenas relativamente à Terra que as anomalias de que a teoria da relatividade trata nunca apareceriam. Porém, na astronomia, ou na investigação da estrutura atômica, encontramos problemas que não podem ser enfrentados dessa maneira. Não sendo Josué, não temos o poder de fazer o Sol parar enquanto o medimos; se quisermos estimar seu tamanho, devemos fazê-lo enquanto ele continua em movimento relativamente a nós. Da mesma maneira, se quisermos medir o tamanho de um elétron, temos de fazê-lo enquanto ele está em rápido movimento, porque ele não fica parado um só instante. É dessa espécie de problema que a teoria da relatividade trata. A medida feita com uma régua, quando é possível, dá sempre o mesmo resultado, porque dá o comprimento "próprio" de um corpo. Mas quando esse método não é viável, descobrimos que coisas curiosas acontecem, especialmente se o corpo a ser medido estiver se movendo muito rapidamente em relação ao observador. Uma figura semelhante à que aparece no final do capítulo anterior nos ajudará a compreender a situação.

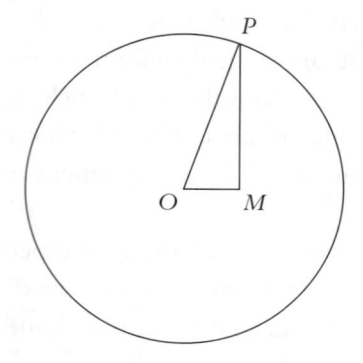

Suponhamos que o corpo em que desejamos medir comprimentos esteja se movendo em relação a nós, e que em um segundo ele se desloca pela distância OM. Trace em torno de O um círculo cujo raio é a distância que a luz percorre num segundo. Passando por M, trace MP perpendicular a OM, encontrando o círculo em P. Assim OP é a distância que a luz percorre em um segundo. A razão entre OP e OM é a razão entre a velocidade da luz e a velocidade do corpo. A razão entre OP e MP é a razão em que comprimentos aparentes são alterados pelo movimento. Ou seja, se o observador julga que dois pontos na linha em que o corpo está se movendo estão a uma distância um do outro representada por MP, uma pessoa que se movesse junto com o corpo julgaria que eles estão a uma distância representada (na mesma escala) por OP. Distâncias no corpo em movimento em ângulos retos com relação à linha de movimento não são afetadas pelo movimento. Tudo é recíproco aqui, isto é, se um observador que se movesse junto com o corpo fosse medir comprimentos no corpo do observador anterior, eles seriam alterados exatamente na mesma proporção. Quando dois corpos estão em movimento um em relação ao outro, os comprimentos em ambos parecem mais curtos para o outro do que para eles próprios. Isto é a contração de Lorentz; ela foi inventada para explicar o resultado do experimento Michelson-Morley, mas agora emerge naturalmente do fato de que os dois observadores não fazem o mesmo julgamento de simultaneidade.

A simultaneidade entra aqui da seguinte maneira: dizemos que dois pontos em um corpo estão a 1 m de distância quando podemos aplicar *simultaneamente* uma ponta de uma régua de 1 m a uma extremidade dele e a outra ponta à outra extremidade. Mas se duas pessoas discordarem quanto à simultaneidade, e o corpo estiver em movimento, elas chegarão obviamente a resultados diferentes com suas medições. Assim, o problema do tempo está na base do problema da distância.

O essencial em tudo isso é a razão de *OP* para *MP*. Tempos, comprimentos e massas são todos alterados nessa proporção quando o corpo envolvido está em movimento em relação ao observador. Veremos que, se *OM* for muito menor que *OP*, isto é, se o corpo estiver se movendo muito mais lentamente que a luz, *MP* e *OP* serão quase iguais, de modo que as alterações produzidas pelo movimento são muito pequenas. Mas se *OM* for quase tão grande quanto *OP*, isto é, se o corpo estiver se movendo quase tão rapidamente quanto a luz, *MP* torna-se muito pequena comparada a *OP*, e os efeitos tornam-se muito grandes. O aumento aparente da massa em partículas em movimento rápido havia sido observado, e a fórmula correta encontrada, antes da invenção da teoria da relatividade especial. De fato, Lorentz havia chegado à fórmula chamada "transformação de Lorentz", que incorpora toda a essência matemática da teoria da relatividade especial. Mas foi Einstein quem mostrou que essa coisa toda era exatamente o que deveríamos esperar, não um conjunto de truques improvisados para explicar resultados experimentais surpreendentes. Não se deve esquecer, no entanto, que resultados experimentais foram o motivo original de toda a teoria[7] e continuaram sendo o terreno em que deve ser empreendida a imensa reconstrução lógica envolvida na teoria da relatividade.

Podemos agora recapitular as razões que tornaram necessário substituir espaço e tempo por "espaço-tempo". A antiga separação entre espaço e tempo repousava na crença de que não havia nenhuma ambiguidade em dizer que dois eventos em lugares distantes aconteceram ao mesmo tempo; consequentemente, pensava-se que podíamos descrever a topografia do universo num dado instante em termos

---

[7] Na realidade, o motivo original da teoria da relatividade foi a invariância das equações de Maxwell. (N.R.T.)

puramente espaciais. Mas agora que a simultaneidade tornou-se relativa a um observador particular, isso não é mais possível. O que, para um observador, é uma descrição do estado do mundo em um dado instante, para outro observador é uma série de eventos em vários instantes diferentes, cujas relações não são apenas espaciais, mas também temporais. Pela mesma razão, estamos mais interessados em *eventos* do que em *corpos*. Na antiga teoria, era possível considerar vários corpos no mesmo instante, e o tempo, como era o mesmo para todos eles, podia ser ignorado. Agora, porém, não podemos fazer isso se quisermos obter uma descrição objetiva de ocorrências físicas. Devemos mencionar a data em que um corpo deve ser considerado, e assim chegamos a um "evento", ou seja, algo que acontece em um dado momento. Quando sabemos a hora e o lugar de um evento no sistema de cálculo de um observador, podemos calcular seu momento e lugar segundo outro observador. Mas precisamos saber tanto a hora quanto o lugar, porque não podemos mais perguntar qual é seu lugar para o novo observador ao "mesmo" tempo que para o antigo observador. Não existe "mesmo" tempo para observadores diferentes, a menos que eles estejam em repouso um em relação ao outro. Precisamos de quatro medidas para determinar uma posição, e quatro medidas determinam a posição de um evento no espaço-tempo, não meramente a posição de um corpo no espaço. Três medidas não nos bastam para determinar posição alguma. Este é o significado essencial da substituição de espaço e tempo por espaço-tempo.

Capítulo VI

A teoria da relatividade especial

A teoria da relatividade especial surgiu como uma maneira de explicar os fatos do eletromagnetismo. É uma história um tanto curiosa. No século XVIII e início do século XIX, a teoria da eletricidade estava inteiramente dominada pela analogia newtoniana. Duas cargas elétricas se atraem se forem de tipos diferentes, uma positiva e outra negativa, mas se repelem se forem do mesmo tipo; em ambos os casos, a força varia segundo o inverso do quadrado da distância, como no caso da gravitação. Essa força era concebida como uma ação à distância, até que Faraday, mediante alguns experimentos notáveis, demonstrou o efeito do meio interveniente. Faraday não era nenhum matemático, e foi James Clerk Maxwell quem primeiro deu uma forma matemática aos resultados que ele sugeriu. Além disso, Clerk Maxwell deu razões para que se pensasse que a luz é um fenômeno eletromagnético, consistindo em ondas eletromagnéticas. Passou-se portanto a poder considerar que o meio para a transmissão de efeitos eletromagnéticos era o éter, que havia muito era considerado o meio de transmissão da luz. A correção da teoria da luz de Maxwell foi provada pelos experimentos de Hertz na fabricação de ondas eletromagnéticas; esses experimentos fornecem a base para o rádio e o radar. Até esse momento, temos uma história de progresso triunfante, em que teoria e experimentação assumem alternadamente o papel principal. Na época dos experimentos de Hertz, o éter parecia estar seguramente estabelecido, e numa posição tão forte quanto a de qualquer outra hipótese científica não passível de verificação direta. Começou-se, porém, a descobrir uma nova série de fatos, e gradualmente todo o quadro se modificou.

O movimento que culminou com Hertz caracterizava-se pela tendência a tornar tudo contínuo. O éter era contínuo, as ondas nele eram contínuas, e esperava-se descobrir que a matéria consistia em alguma estrutura contínua no éter. Mas ocorreu então a descoberta da estrutura atômica da matéria e da estrutura discreta dos próprios átomos. Os átomos passaram a ser vistos como compostos de elétrons, prótons e nêutrons. O elétron é uma pequena partícula que carrega uma carga definida de eletricidade negativa; o próton carrega uma carga definida de eletricidade positiva, ao passo que o nêutron não é carregado. (É só por costume, mais que por qualquer outra coisa, que chamamos a carga do próton de positiva e a do elétron de negativa, e não o contrário.) Parecia provável que a eletricidade só pudesse ser encontrada na forma das cargas presentes no elétron e no próton; todos os elétrons têm exatamente a mesma carga negativa, e todos os prótons têm uma carga positiva exatamente igual e oposta. Mais tarde foram descobertas outras partículas subatômicas, chamadas em sua maioria mésons e híperons. Todos os prótons têm exatamente o mesmo peso; são cerca de 1.800 vezes mais pesados que os elétrons. Todos os nêutrons têm também exatamente o mesmo peso; são ligeiramente mais pesados que os prótons. Os mésons, de que há vários tipos diferentes, pesam mais que os elétrons, mas menos que os prótons, ao passo que o híperons são mais pesados que os prótons e os nêutrons.

Algumas partículas transportam cargas elétricas e outras não. Verifica-se que todas as partículas positivamente carregadas têm exatamente a mesma carga que o próton, ao passo que todas as negativamente carregadas têm exatamente a mesma carga que os elétrons, embora suas outras propriedades sejam muito diferentes.[8] Para complicar as coisas, há uma partícula que é idêntica ao elétron, exceto por ter sua carga positiva, e não negativa — é chamada pósitron. É possível fabricar experimentalmente uma partícula idêntica ao próton, exceto por ter uma carga negativa — é chamada antipróton.

Essas descobertas sobre a estrutura discreta da matéria são inseparáveis das descobertas dos chamados fenômenos quânticos, como as linhas luminosas no espectro de um átomo. Parece que todos os processos naturais mostram uma descontinuidade fundamental sempre que podem ser medidos com suficiente precisão.

Assim, a física teve de digerir novos fatos e enfrentar novos problemas. A teoria quântica existe mais ou menos em sua forma atual há oitenta anos, e a teoria da relatividade especial há cem, mas até trinta anos atrás pouco progresso havia sido feito no sentido de associá-las.

---

[8] Isso poderia ser verdade em 1925, mas não hoje. (N.R.T.)

Desenvolvimentos recentes na teoria quântica a tornaram mais compatível com a relatividade especial, e esses aperfeiçoamentos ajudaram consideravelmente nossa compreensão das partículas subatômicas, embora continuem existindo muitas dificuldades sérias.

Os problemas resolvidos pela teoria da relatividade especial propriamente dita, de modo independente da teoria quântica, são tipificados pelo experimento Michelson-Morley. Admitindo-se a correção da teoria do eletromagnetismo de Maxwell, o movimento através do éter deveria produzir certos efeitos verificáveis; a verdade, porém, é que não se observava efeito algum. Além disso, havia o fato observado de que um corpo em movimento muito rápido parece ter sua massa aumentada; o aumento se dá na razão de OP para MP na figura mostrada no capítulo anterior. Fatos desse gênero foram se acumulando gradualmente até que se tornou imperativo encontrar uma teoria capaz de explicar todos eles.

A teoria de Maxwell resumia-se em certas equações. Conhecidas como "equações de Maxwell", elas resistiram incólumes a todas as revoluções que a física sofreu no último século. Na verdade, cresceram continuamente tanto em importância quanto em certeza — pois os argumentos de Maxwell em favor delas eram tão frágeis que a correção de seus resultados quase pode ser creditada à intuição. Embora essas equações fossem fundadas, é claro, em experimentos realizados em laboratórios terrestres, elas presumiam tacitamente que o movimento da Terra através do éter podia ser desconsiderado. Em certos casos, como no experimento Michelson-Morley, isso não deveria ser possível sem produzir um erro mensurável, mas verificou-se que sempre era possível. Os físicos viram-se assim diante de uma estranha dificuldade: as equações de Maxwell eram mais precisas do que deviam ser. Uma dificuldade muito parecida havia sido explicada por Galileu nos primórdios da física moderna. A maioria das pessoas pensa que, se deixarmos um peso cair, ele o fará verticalmente. Mas quando fazemos esse experimento na cabine de um navio em movimento, o peso cai, em relação à cabine, exatamente como se o navio estivesse em repouso; por exemplo, se o deixamos cair do meio do teto, ele cairá no meio do piso. Isso significa que, do ponto de vista de um observador no litoral, ele não cai verticalmente, pois partilha do movimento do navio. Contanto que o movimento do navio seja constante, tudo se passa dentro do navio como se ele não estivesse se movendo. Galileu explicou como isso acontece, para grande indignação dos discípulos de Aristóteles. Na física ortodoxa, que é derivada da física de Galileu, um movimento uniforme numa linha reta não produz nenhum efeito verificável. Isso era, em seu tempo, uma forma de relatividade tão assombrosa quanto a de Einstein para nós. Na teoria da relatividade especial, Einstein propôs-se a demonstrar por que os fenômenos eletromagnéticos podiam não ser afetados por movimento uniforme através do éter — se é que ele existia. Tratava-se de um problema mais difícil, que não podia ser resolvido pela mera aceitação dos princípios de Galileu.

Foi com relação ao tempo que a solução desse problema exigiu um esforço realmente grande. Foi preciso introduzir a noção de tempo "próprio", que já consideramos, e abandonar a antiga crença em um tempo universal. As leis quantitativas dos fenômenos eletromagnéticos são expressas nas equações de Maxwell e estas se demonstram verdadeiras para todos os observadores, como quer que estejam se movendo. É um problema matemático simples descobrir que diferenças deve haver entre as medidas aplicadas por um observador e as aplicadas por um outro para que, apesar de seu movimento relativo, eles encontrem as mesmas equações verificadas. A resposta está contida na "transformação de Lorentz", descoberta como uma fórmula por Lorentz, mas interpretada e tornada inteligível por Einstein.

A transformação de Lorentz nos diz que estimativas de distâncias e períodos de tempo serão feitas por um observador cujo movimento relativo é conhecido, quando conhecemos os de um outro observador. Podemos supor que você está num trem numa ferrovia que segue diretamente para leste. Pelo relógio da estação de onde partiu, faz um tempo t que você está viajando. Em certo momento, a uma distância x de seu ponto de partida, tal como medida pelo pessoal da ferrovia, um evento ocorre — digamos, um raio atinge a estrada de ferro. Você viajou o tempo todo com uma velocidade uniforme v. A pergunta é: na sua avaliação, a que distância de você esse evento ocorreu, e quanto depois de sua partida, pelo seu relógio, supondo que ele está certo do ponto de vista de um observador no trem?

Nossa solução para esse problema tem de satisfazer certas condições. Ela deve evidenciar o fato de que a velocidade da luz é a mesma para todos os observadores, como quer que estejam se movendo. E deve fazer os fenômenos físicos — em particular os do eletromagnetismo — obedecerem às mesmas leis para diferentes observadores, não importa quanto suas medidas de distância e tempo lhes pareçam afetadas por seus movimentos. Por fim, deve tornar recíprocos todos esses efeitos sobre a medição. Ou seja, se você está num trem e seu movimento afeta sua estimativa de distâncias fora dele, deve haver uma mudança exatamente similar na estimativa que pessoas fora do trem fazem sobre as distâncias dentro dele. Essas condições são suficientes para determinar a solução do problema, mas ela requer mais matemática do que me permiti usar neste livro.

Antes de lidar com a questão em termos gerais, tomemos um exemplo. Vamos supor que você está num trem numa ferrovia longa e reta, e está viajando para leste a ⅗ da velocidade da luz. Suponha que você mede o comprimento de seu trem e verifica que é de 100 m. Suponha que as pessoas que o veem de relance, de fora do trem, conseguem, por engenhosos métodos científicos, fazer observações que lhes permitam calcular o comprimento do seu trem. Se trabalharem direito, elas concluirão que ele mede 80 m. Todas as coisas dentro do trem lhes parecerão mais curtas na direção em que o trem segue do que para você. Pratos que lhe parecem redondos, como quaisquer outros, parecerão ovais a quem está de fora. E tudo é recíproco. Suponha que você vê pela janela uma vara de pescar carregada por uma pessoa para a qual ela mede 1,5 m. Se ela estiver sendo mantida de pé, você a verá com 1,5 m; o mesmo acontecerá se ela estiver sendo mantida horizontalmente, em ângulo reto com a estrada de ferro. Mas se a vara estiver apontada na direção em que o trem segue, ela lhe parecerá ter só 1,2 m. Ao descrever o que é visto, supus que todos levam devidamente em conta os efeitos de perspectiva. Apesar disso, os comprimentos de todos os objetos no trem serão diminuídos em 20% na direção do movimento para as pessoas que estão fora dele, e o mesmo acontecerá com os objetos que estão fora do trem para você que os vê a partir de dentro.

Mas os efeitos relacionados ao tempo são ainda mais estranhos. Esse assunto foi explicado com uma clareza quase ideal por Eddington, e meu exemplo é baseado em outro, dado por ele:

Imagine uma nave espacial que se afasta da Terra a 250.000 km/s de velocidade. Se você fosse capaz de observar seus tripulantes, inferiria que são inusitadamente lentos em seus movimentos, e outros eventos na nave lhe pareceriam igualmente demorados. Tudo ali pareceria demorar duas vezes mais que de costume. Digo "inferir" deliberadamente; você veria uma desaceleração ainda mais extravagante do tempo, mas isso seria facilmente explicável, porque a nave espacial está se distanciando rapidamente de você, e as impressões luminosas demoram mais tempo para atingi-lo. O retardamento mais moderado a que nos referimos permanece depois de você ter descontado o tempo de transmissão da luz. Mas aqui entra a reciprocidade, porque do ponto de vista dos tripulantes da nave você está se afastando deles a 250.000 km/s, e depois de fazer todos os descontos, eles descobrem que você é que é lerdo.

Essa questão do tempo é bastante intricada, em razão do fato de que eventos que uma pessoa considera simultâneos são vistos por outra como separados por um lapso de tempo. Para tentar deixar claro como o tempo é afetado, retornarei à nossa viagem de trem para leste a ⅗ da velocidade da luz. Para efeito de ilustração, suponha que a Terra é grande e plana, e não pequena e redonda.

Se considerarmos eventos que ocorrem num ponto fixo da Terra, e nos perguntarmos quanto tempo após o início da viagem eles parecem acontecer para os viajantes, a resposta é que haverá aquele retardamento de que Eddington fala. Neste caso, ele significa que o intervalo de tempo que parece uma hora na vida das pessoas que estão no solo é avaliado como uma hora e ¼ pelos passageiros do trem. Reciprocamente, o que parece uma hora na vida dos passageiros do trem é avaliado pelos que o observam de fora como uma hora e ¼. Para cada grupo os períodos de tempo observados na vida do outro parecem ¼ mais longo do que são para aqueles que os vivem. A proporção é a mesma, quer se trate de intervalos de tempo ou de comprimentos.

Mas quando, em vez de comparar eventos que ocorrem no mesmo lugar da Terra, comparamos fenômenos que ocorrem em lugares muito distantes, os resultados são ainda mais esquisitos. Consideremos agora todos os eventos ao longo da estrada de ferro, que, do ponto de vista de pessoas que estão estacionárias no solo acontecem em um dado instante, digamos o instante em que o trem passa por certo sinal. Desses eventos, os que ocorrem em pontos rumo aos quais o trem está se movendo parecerão aos viajantes já terem acontecido, enquanto os que ocorrem em pontos atrás do trem, estarão ainda no futuro para eles. Dizer que eventos que se encontram à frente parecerão aos viajantes já terem ocorrido, não é estritamente preciso, porque eles ainda não os terão visto; mas, quando os virem, chegarão, após descontar a velocidade da luz, à conclusão de que aconteceram antes do momento em questão. Se um evento que ocorre à frente do trem ao longo da ferrovia — e que os observadores estacionários julgam estar ocorrendo agora (ou melhor, julgarão ter acontecido agora quando tomarem conhecimento dele) — acontecer a uma distância, ao longo da ferrovia, que a luz poderia percorrer em um segundo, parecerá aos viajantes ter acontecido ¾ de segundo antes. Se ocorrer numa distância que as pessoas no solo julgam que a luz poderia percorrer em um ano, para os viajantes (quando tomarem conhecimento dele), parecerá ter ocorrido nove meses antes do momento em que passaram pelas pessoas paradas no solo. Em geral, os viajantes antedatarão eventos que estão adiante ao longo da ferrovia em ¾ do tempo que a luz levaria para viajar do lugar em que eles acontecem até onde as pessoas estão no solo, pelas quais o trem está passando naquele instante, e que sustentam que esses eventos estão acontecendo agora — ou melhor, sustentarão que estão ocorrendo agora quando a luz dos eventos os atingir. Os eventos que acontecem na ferrovia atrás do trem serão pós-datados exatamente na mesma medida.

Temos, portanto, uma correção dupla a fazer na data de um evento quando passamos dos observadores estacionários no solo para os passageiros do trem. Devemos primeiro tomar ⁵⁄₄ do tempo tal como estimado pelos que estão no solo e depois subtrair ¾ do tempo que a luz levaria para se deslocar do evento em questão até eles.

Consideremos agora um evento numa parte distante do universo, que se torna visível para os que estão parados e para os viajantes do trem exatamente quando passam uns pelos outros. Os que estão no solo, se souberem a que distância deles o evento ocorreu, podem avaliar há quanto tempo isso se deu, já que conhecem a velocidade da luz. Quanto aos viajantes, se o evento tiver ocorrido na direção em que eles se movem, inferirão que ocorreu há um tempo duas vezes maior que o calculado pelos que estão no solo. Mas se tiver ocorrido na direção de que vieram, afirmarão que aconteceu há apenas metade do tempo estimado pelos que estão no solo. Se os viajantes estiverem se movendo com uma velocidade diferente, essas proporções serão diferentes.

    Suponhamos agora que (como por vezes ocorre) duas estrelas novas explodiram subitamente e acabam de se tornar visíveis para os viajantes e as pessoas paradas no solo pelas quais elas estão passando. Suponhamos que uma das estrelas esteja na direção em que o trem está seguindo, a outra na direção de que ele veio. Suponhamos que as pessoas no solo consigam, de algum modo, estimar a distância entre as duas estrelas e inferir que a luz da que está na direção em que os viajantes estão seguindo leva cinquenta anos para chegar até eles, enquanto a luz da outra leva cem anos. Assim, os que estão no solo afirmarão que a explosão que produziu a estrela nova que está adiante do trem ocorreu cinquenta anos atrás, ao passo que a explosão que produziu a outra aconteceu há cem anos. Os viajantes farão uma inversão exata desses números: inferirão que a explosão à sua frente ocorreu há cem anos, e a de trás há cinquenta anos. Estou supondo que os dois grupos baseiam suas afirmações em dados físicos corretos. De fato, ambos os grupos estão certos, a menos que imaginem que o outro está errado. Convém notar que ambos terão a mesma estimativa da velocidade da luz, porque suas estimativas das distâncias que os separam das duas estrelas novas vão variar exatamente na mesma proporção que suas estimativas dos tempos decorridos desde as explosões. Na realidade, um dos principais objetivos de toda essa teoria é assegurar que a velocidade da luz seja a mesma para todos os observadores, como quer que estejam se movendo. Esse fato, estabelecido por experimento, era incompatível com as teorias antigas e tornou absolutamente necessário admitir algo assim tão surpreendente. A teoria da relatividade é espantosa apenas exatamente o bastante para ser compatível com os fatos. Na verdade, após algum tempo, ela deixa de parecer surpreendente por completo.

    Há uma outra característica de enorme importância na teoria que estamos considerando: o fato de que, embora distâncias e tempos variem para diferentes observadores, podemos derivar deles a quantidade chamada "intervalo", que é a mesma para todos. Na teoria da relatividade especial, o "intervalo" é obtido da seguinte maneira: tome o quadrado da distância entre dois eventos e o quadrado da distância percorrida pela luz no tempo que transcorre entre os dois eventos; subtraia o menor desses números do maior e o resultado é definido como o quadrado do intervalo entre os eventos. O intervalo é o mesmo para todos os observadores e representa uma relação física genuína entre os dois eventos, coisa que o tempo e a distância não fazem. Já demos uma construção geométrica para o intervalo no final do capítulo 4; ela dá o mesmo resultado que a regra acima. Quando o tempo entre dois eventos é maior do aquele que a luz levaria para viajar do lugar de um ao lugar de outro, o intervalo é de "tipo tempo", caso contrário, é de "tipo espaço". Quando o tempo entre os dois eventos é exatamente igual ao tempo que a luz leva para se deslocar de um para o outro, o intervalo é zero; nesse caso, os dois eventos estão situados em partes de um raio de luz, a menos que nenhuma luz esteja passando por ali.

Quando passamos à teoria da relatividade geral, temos que generalizar a noção de intervalo. Quanto mais profundamente penetramos na estrutura do mundo, mais importante esse conceito se torna; somos tentados a dizer que ele é a realidade, da qual distâncias e períodos de tempo são apenas representações confusas. A teoria da relatividade alterou nossa visão da estrutura fundamental do mundo; essa é a fonte tanto de sua dificuldade quanto de sua importância.

O resto deste capítulo pode ser saltado por leitores que não tenham nem o conhecimento mais elementar de geometria ou álgebra. Mas, em benefício daqueles cuja educação não foi *completamente* negligenciada, acrescentarei algumas explicações da fórmula geral de que, até agora, apenas dei exemplos particulares. A fórmula geral em questão é a "transformação de Lorentz", que diz como inferir, quando um corpo se move de uma dada maneira em relação a outro, as medidas de comprimento e tempo apropriadas para um corpo a partir daquelas apropriadas para o outro. Antes de dar as fórmulas algébricas, exporei uma construção geométrica. Como antes, suporei que há dois observadores, que chamarei de O e O', um dos quais está estacionário no solo, enquanto o outro viaja numa velocidade uniforme numa ferrovia reta. No início do tempo considerado, os dois observadores estavam no mesmo ponto da ferrovia, mas agora estão separados por certa distância. Um flash de luz atinge um ponto X na estrada de ferro, e O avalia que, no momento em que o flash ocorre, o observador no trem chegou ao ponto O'. O problema é: qual a distância entre O' e o flash, e quanto tempo após o início da viagem (quando O' e O estavam juntos) ele ocorreu, tal como julgado por O'? Supõe-se que conhecemos as estimativas de O e queremos calcular as de O'.

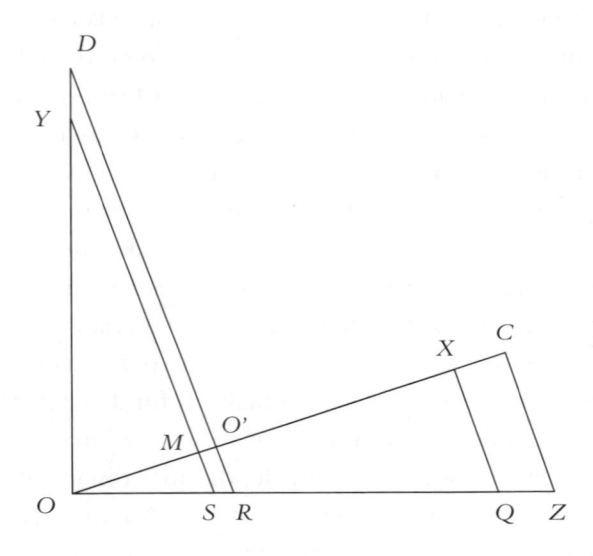

No tempo que, segundo O, transcorreu desde o início da viagem, suponhamos que OC é a distância que a luz teria percorrido ao longo da ferrovia. Descreva um círculo em torno de O, com um raio OC, e passando por O', trace uma perpendicular à ferrovia, encontrando o círculo em D. Em OD tome um ponto Y tal que OY seja igual a OX (X é o ponto em que o flash incide). Trace YM perpendicular à ferrovia, e OS perpendicular a OD. Faça YM e OS encontrarem-se em S. Faça também DO' e OS encontrarem-se em R. Através de X e C trace perpendiculares à ferrovia encontrando OS em Q e Z respectivamente. RQ (tal como medida por O) será então a distância entre O' e o flash tal como avaliada por O'. Segundo a antiga concepção, a distância seria $O'X$. E enquanto O pensa que, no tempo transcorrido desde o início da viagem, o flash de luz teria percorrido a distância OC, O' pensa que o tempo transcorrido é aquele que a luz leva para percorrer a distância *SZ* (tal como medida por O). O intervalo tal como medido por O é obtido subtraindo-se o quadrado de *OX* do quadrado de *OC*; o intervalo, tal como medido por O', é obtido subtraindo-se o quadrado de *RQ* do quadrado de *SZ*. Um bocadinho de geometria muito elementar mostra que eles são iguais.

A fórmula algébrica incorporada na construção acima é a seguinte: do ponto de vista de O, deixe um evento ocorrer a uma distância *x* ao longo da ferrovia, e num tempo *t* após o início da viagem (quando O' estava em O). Do ponto de vista de O', deixe o mesmo evento ocorrer a uma distância *x'* ao longo da ferrovia, e num tempo *t'* após o início da viagem. Tome *c* como a velocidade da luz, e *v* como a velocidade de O' em relação a O. Formule:

$$\beta = \frac{c}{\sqrt{c^2 - v^2}}$$

Então

$$x' = \beta(x - vt)$$

$$t' = \beta\left(t \frac{vx}{c^2}\right)$$

Esta é a transformação de Lorentz, a partir da qual tudo que foi dito neste capítulo pode ser deduzido.

Capítulo VII
Intervalos no espaço-tempo

A teoria da relatividade especial, que estivemos considerando até agora, resolveu por completo um problema preciso: explicar o fato experimental de que, quando dois corpos estão em movimento relativo uniforme, todas as leis da física — tanto as da dinâmica comum como as da eletricidade e do magnetismo — são exatamente as mesmas para ambos. Movimento "uniforme", aqui, significa movimento numa linha reta com velocidade constante. Mas, ao resolver um problema, a relatividade especial sugeriu imediatamente um outro: o que acontece quando o movimento dos dois corpos não é uniforme? Suponha, por exemplo, que um corpo está na Terra enquanto o outro é uma pedra em queda. A pedra tem um movimento acelerado: desloca-se cada vez mais depressa. Nada na teoria especial nos permite dizer que as leis dos fenômenos físicos serão as mesmas para um observador sobre a pedra e um na Terra. Isso é particularmente embaraçoso, pois a própria Terra é, num sentido amplo, um corpo em queda: tem a cada momento uma aceleração[9] em direção ao Sol, que a faz girar em torno dele, em vez de se mover numa linha reta. Como nosso conhecimento de física provém de experimentos feitos na Terra, não podemos ficar satisfeitos com uma teoria em que se supõe que o observador não tenha nenhuma aceleração. A teoria da relatividade geral remove essa restrição e permite que o observador esteja se movendo de qualquer maneira, em linha reta ou curva, de maneira uniforme ou acelerada. Ao remover a restrição, Einstein foi levado à sua nova lei da gravitação, que logo iremos considerar. Isso envolveu um trabalho extraordinariamente difícil, que o ocupou durante dez anos. A teoria especial data de 1905, e a teoria geral de 1915.

A partir de experiências que conhecemos bem, é óbvio que tratar de um movimento acelerado é muito mais difícil que tratar de um movimento uniforme. Quando estamos num trem que se desloca com

---

[9] Não só um aumento na velocidade como qualquer mudança na velocidade ou na direção é chamada "aceleração". O único tipo de movimento chamado "não acelerado" é o que tem velocidade constante *numa linha reta*.

velocidade constante, o movimento não é perceptível enquanto não olhamos pela janela, mas quando o trem é freado de repente, caímos para a frente e nos damos conta de que alguma coisa está acontecendo sem precisar olhar pela janela. De maneira semelhante, num elevador, tudo parece parado enquanto ele se move de maneira constante, mas quando ele se põe em movimento ou para, momentos em que seu movimento é acelerado, temos sensações estranhas na boca do estômago. (Chamamos um movimento de "acelerado" quer ele esteja ficando mais lento ou mais rápido; no primeiro caso, a aceleração é negativa.) O mesmo se aplica à situação em que deixamos um peso cair na cabine de um navio. Enquanto o navio estiver se movendo uniformemente, o peso se comportará, relativamente à cabine, exatamente como se o navio estivesse em repouso: se ele parte do meio do teto, cairá no meio do piso. Mas se houver uma aceleração, tudo mudará. Se a velocidade do navio estiver aumentando muito rapidamente, o peso parecerá, para um observador na cabine, cair numa curva dirigida para a popa; se a velocidade estiver diminuindo rapidamente, a curva será dirigida para a proa. Todos estes são fatos bem conhecidos, que levaram Galileu e Newton a ver um movimento acelerado como algo radicalmente diferente, em sua própria natureza, de um movimento uniforme. Mas essa distinção só podia ser mantida quando se considerava o movimento algo absoluto, não relativo. Se todo movimento é relativo, é tão verdadeiro dizer que a Terra está acelerada em relação ao elevador quanto dizer que o elevador está acelerado em relação à Terra. No entanto, pessoas que estão no solo, vendo o elevador de fora, não têm nenhuma sensação na boca de seus estômagos quando ele inicia sua subida. Isso ilustra a dificuldade de nosso problema. De fato, embora poucos físicos nos tempos modernos tenham acreditado em movimento absoluto, a técnica da física matemática ainda incorporava a crença newtoniana, e foi necessário promover uma revolução no método para chegar a uma técnica livre desse pressuposto. Essa revolução foi levada a cabo na teoria da relatividade geral de Einstein.

Por onde começar a explicar as novas ideias de Einstein, esta é de certa maneira uma questão de escolha, mas talvez o melhor seja começar pela noção de "intervalo". Essa concepção, tal como aparece na teoria da relatividade especial, já é uma generalização da noção tradicional de distância no espaço e no tempo; mas é necessário generalizá-la mais ainda. Antes, porém, é preciso explicar um pouco de história, e para isso recuaremos no tempo até Pitágoras.

Como muitos dos maiores personagens da história, Pitágoras talvez nunca tenha existido: é um personagem semimítico, em que o matemático e o feiticeiro se combinavam em proporções não conhecidas. Vou supor, no entanto, que Pitágoras existiu e descobriu o teorema atribuído a alguém com seu nome. Mais ou menos contemporâneo de Confúcio e Buda, ele fundou uma seita religiosa que proibia as pessoas de comer feijão e uma escola de matemáticos que dedicava particular interesse a triângulos retângulos. O teorema de Pitágoras (a 47.ª proposição de Euclides) declara que a soma dos quadrados dos dois lados mais curtos de um triângulo de ângulo reto é igual ao quadrado do lado oposto ao ângulo reto. Nenhuma proposição em toda a matemática tem uma história tão eminente. Todos nós aprendemos a "demonstrá-la" quando meninos. É verdade que essa prova não prova coisa alguma — só é possível provar esse teorema por experimento. Ocorre também que a proposição não é *inteiramente* verdadeira — só aproximadamente. Mas tudo na geometria, e subsequentemente na física, derivou desse teorema por generalizações sucessivas, e uma dessas generalizações é a teoria da relatividade geral.

O próprio teorema de Pitágoras, muito provavelmente, foi uma generalização de uma regra empírica egípcia. No Egito, sabia-se havia muitíssimo tempo que um triângulo cujos lados são 3, 4 e 5 unidades de comprimento é um triângulo de ângulo reto; os egípcios usavam esse conhecimento na prática, para medir seus campos. Ora, se os lados de um triângulo forem 3, 4 e 5 cm, os quadrados desses lados conterão, respectivamente, 9, 16 e 25 cm^2; e 9 mais 16 são 25. Três vezes três é escrito "3^2"; quatro vezes quatro, 4^2; cinco vezes cinco, "5^2". Assim, temos

$$3^2 + 4^2 = 5^2$$

Supõe-se que Pitágoras observou esse fato após aprender com os egípcios que um triângulo cujos lados são 3, 4 e 5 tem um ângulo reto. Pitágoras descobriu que isso podia ser generalizado e, assim, chegou a seu famoso teorema: num triângulo de ângulo reto, o quadrado do lado oposto ao ângulo reto é igual à soma dos quadrados dos outros dois lados.

O mesmo acontece em três dimensões: se você tomar um bloco sólido com ângulos retos, o quadrado da diagonal (em linha tracejada na figura) é igual à soma do quadrado dos três lados.

Foi até este ponto que os antigos chegaram nessa matéria.

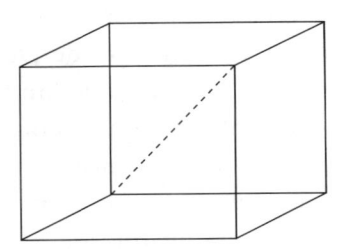

O passo seguinte importante deveu-se a Descartes, que fez do teorema de Pitágoras a base do método da geometria analítica. Suponha que você deseja mapear de maneira sistemática todos os lugares de um plano — vamos imaginá-lo suficientemente pequeno para que seja possível desconsiderar o fato de que a Terra é redonda. Uma das maneiras mais simples de descrever a posição de um lugar é dizer: partindo da minha casa, ande primeiro essa distância para leste, depois tal outra para o norte (ou primeiro para oeste e depois para o sul). Isso nos diz exatamente onde está o lugar.

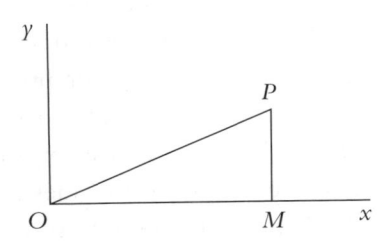

Nas cidades retangulares dos Estados Unidos, esse é o método natural a adotar: em Nova York lhe dirão para andar tantos blocos para leste (ou oeste) e depois tantos na direção norte (ou sul). A distância que você tem de percorrer rumo a leste é chamada x e a que tem de percorrer rumo ao norte é chamada y. (Se você tiver de ir para oeste, x é negativo; se tiver de ir para o sul, y é negativo.) Chamemos seu ponto de partida de *O* (a "origem"); *OM* será a distância que você percorre para o leste, e *MP* a que você percorre rumo ao norte. A que distância você estará de casa numa linha reta quando chegar a *P*? O teorema de Pitágoras dá a resposta. O quadrado de *OP* é a soma dos quadrados de *OM* e *MP*. Se *OM* tiver 4 km e *MP* 3 km, *OP* terá 5 km. Se *OM* tiver 12 km e *MP* 5 km, *OP* terá 13 km, porque $12^2 + 5^2 = 13^2$. Portanto, se você adota o método de mapeamento de Descartes, o teorema de Pitágoras é essencial para dar a distância de um lugar a outro. Em três dimensões, a coisa é exatamente análoga. Suponhamos que, em vez de querer apenas determinar posições no plano, você queira determinar a posição de estações para balões cativos acima do plano. Nesse caso, terá de acrescentar uma terceira quantidade, a altura em que o balão está. Se você chamar a altura de *z*, e se *r* for a distância direta de *O* ao balão, você terá:

$$r^2 = x^2 + y^2 + z^2$$

A partir disto você pode calcular *r* quando conhece *x*, *y* e *z*. Por exemplo, se você pode chegar ao balão andando 12 km para leste, 4 km para o norte e depois 3 km para cima, você está a uma distância de 13 km do balão, porque 12 x 12 = 144; 4 x 4 = 16; 3 x 3 = 9; e 144 + 16 + 9 = 169 = 13 x 13.

Mas suponha agora que, em vez de tomar um pequeno pedaço da superfície da Terra, que pode ser considerado plano, você pretenda fazer um mapa do mundo. Um mapa do mundo preciso em papel plano é impossível. Num globo ele pode ser preciso, no sentido de que tudo pode ser produzido em escala, mas não num mapa plano. Não estou falando de dificuldades práticas, estou me referindo a uma impossibilidade teórica. Por exemplo, as metades norte do meridiano de Greenwich e do meridiano a 90° de longitude oeste com relação a Greenwich, juntamente com o pedaço do equador entre eles, fazem um triângulo cujos lados são todos iguais e cujos ângulos são todos retos. Numa superfície plana, traçar um triângulo assim seria impossível. Por outro lado, numa superfície plana é possível fazer um quadrado, mas impossível fazer uma esfera. Suponhamos que você tente na Terra: ande 100 km para oeste, depois 100 km para o norte, depois 100 km para leste e, por fim, 100 km para o sul. Você poderia pensar que isso faria um quadrado, mas não é verdade, porque no fim você não teria voltado a seu ponto de partida. Se você tiver tempo, poderá se convencer disto por meio de um experimento. Se não tiver, poderá ver facilmente que deve ser assim. Se você estiver mais perto do polo, 100 km o levarão a uma longitude maior do que se estiver mais perto do equador, de modo que, ao se deslocar os 100 km para leste (estando no hemisfério norte), você chegará a um ponto mais a leste do que aquele em que partiu. Quando, depois disso, você se desloca para o sul, permanece mais a leste que seu ponto de partida e termina num ponto diferente daquele em que começou. Suponha, para tomar outro exemplo, que você comece no equador, 4.000 km a leste do meridiano de Greenwich; depois de viajar até o meridiano, segue para o norte ao longo dele por 4.000 km, passando por Greenwich e subindo até as vizinhanças das ilhas Shetland; em seguida viaja 4.000 km para leste e por fim 4.000 km para o sul. Isso o levará ao equador num ponto cerca de 4.000 km a leste daquele em que começou.

Em certo sentido, o que acabo de dizer não é absolutamente correto, porque, exceto no equador, viajar para leste não é o caminho mais curto entre um lugar e outro a leste dele. Um navio que viaje (digamos) de Nova York para Lisboa, que fica quase a leste, começará percorrendo certa distância para norte. Navegará num "círculo máximo", isto é, um círculo cujo centro é o centro da Terra. Esse é o trajeto mais próximo de uma linha reta que pode ser traçado na superfície da Terra. Os meridianos de longitude são círculos máximos, como também o equador, mas os outros paralelos de latitude não são círculos. Deveríamos portanto ter suposto que, a partir das ilhas Shetland, você viaja 4.000 km não diretamente para leste, mas ao longo de um círculo máximo que o leva a um ponto diretamente a leste das ilhas Shetland. Isso, contudo, apenas reforça nossa conclusão: você terminará num ponto ainda mais a leste de seu ponto de partida que antes.

Quais são as diferenças entre a geometria numa esfera e a geometria num plano? Se você traçar na Terra um triângulo cujos lados sejam círculos máximos, descobrirá que a soma de seus ângulos não será igual a dois ângulos retos: será muito maior. A quantidade pela qual eles excederão a dois ângulos retos será proporcional ao tamanho do triângulo. Num pequeno triângulo como o que você poderia fazer com barbantes sobre a grama, ou mesmo num triângulo formado por três navios os quais mal conseguem se avistar um ao outro, os ângulos somarão tão pouco mais que dois ângulos retos que você não conseguirá detectar a diferença. Mas se você tomar o triângulo formado pelo equador, o meridiano de Greenwich e o meridiano a 90°, os ângulos somarão *três* ângulos retos. É possível encontrar triângulos cujos ângulos somem qualquer coisa até seis ângulos retos. Você poderia descobrir tudo isso fazendo medidas na superfície da Terra, sem ter de levar em conta coisa alguma no resto do espaço.

O teorema de Pitágoras também falha para distâncias numa esfera. Pois, do ponto de vista de um viajante confinado à Terra, a distância entre dois lugares é sua distância no círculo máximo, isto é, o caminho mais curto que uma pessoa pode fazer sem deixar a superfície do planeta. Suponhamos agora que você tome três pedacinhos de círculos máximos que fazem um triângulo, e suponha que um deles está em ângulo reto com outro — para ser preciso, suponhamos que um é o equador e outro um pedacinho do meridiano de Greenwich que segue para o norte a partir do equador. Suponha que você se desloque 3.000 km ao longo do equador e depois 4.000 km diretamente para o norte; a que distância você estará de seu ponto de partida, estimando a distância ao longo de um círculo máximo? Se você estivesse num plano, estaria a 5.000 km dele, como vimos antes. Na realidade, contudo, sua distância no círculo máximo será consideravelmente menor que essa. Num triângulo retângulo numa esfera, o quadrado do lado oposto ao ângulo reto é menor que a soma dos quadrados dos outros dois lados.

Estas diferenças entre geometria numa esfera e geometria num plano são intrínsecas. Isso significa que elas lhe permitem descobrir se a superfície em que você vive é semelhante a um plano ou a uma esfera, sem precisar levar em conta coisa alguma além da superfície. Estas considerações nos levam ao próximo passo de importância em nosso tema, que foi dado por Gauss, há 150 anos. Gauss estudou a teoria das superfícies e mostrou como desenvolvê-la por meio de medidas feitas nas próprias superfícies, sem considerar nada fora delas. Para determinar a posição de um ponto no espaço, precisamos de três medidas; mas, para determinar a posição de um ponto numa superfície, precisamos de apenas duas — por exemplo, um ponto na superfície da Terra é determinado quando conhecemos sua latitude e sua longitude.

Ora, Gauss descobriu que, seja qual for o sistema de medição que adotemos, e seja qual for a natureza da superfície, há sempre uma maneira de calcular a distância entre dois pontos não muito distantes na superfície quando conhecemos as quantidades que determinam suas posições. A fórmula para a distância é uma generalização da fórmula de Pitágoras; ela revela o quadrado da distância em termos dos quadrados das diferenças entre as quantidades de medida que determinam os pontos, e também o produto dessas duas quantidades. Conhecendo esta fórmula, podemos descobrir todas as propriedades intrínsecas da superfície, isto é, todas as que não dependem das relações da superfície com pontos fora dela. Podemos descobrir, por exemplo, se os ângulos de um triângulo somam dois ângulos retos, ou mais, ou menos, ou mais em alguns casos e menos em outros.

Mas quando falamos de um "triângulo", devemos explicar o que temos em mente, porque na maioria das superfícies não há linhas retas. Numa esfera, temos de substituir linhas retas por círculos máximos, que são o que mais se aproxima de linhas retas. Em geral, tomaremos, em vez de linhas retas, as linhas que dão o caminho mais curto de um lugar a outro na superfície. Essas linhas são chamadas "geodésicas". Na Terra, as geodésicas são círculos máximos. Em geral, elas são o caminho mais curto para se deslocar de um ponto a outro quando não podemos deixar uma superfície. Elas tomam o lugar das linhas retas na geometria intrínseca de uma superfície. Quando indagamos se os ângulos de um triângulo somam dois ângulos retos ou não, temos em mente um triângulo cujos lados são geodésicas. E quando falamos da distância entre dois pontos, temos em mente a distância ao longo de uma geodésica.

O próximo passo em nosso processo de generalização é bastante difícil: trata-se da transição para a geometria não euclidiana. Vivemos num mundo em que o espaço tem três dimensões, e o conhecimento empírico que temos dele baseia-se na medição de pequenas distâncias e de ângulos. (Quando falo de pequenas distâncias, refiro-me às que são pequenas comparadas às da astronomia; nesse sentido, todas as distâncias na Terra são pequenas.) Pensava-se antigamente que podíamos ter uma certeza *a priori* de que o espaço é euclidiano — por exemplo, que os ângulos de um triângulo somam dois ângulos retos. Mas acabamos reconhecendo que não podíamos provar isso por raciocínio;

se isso podia ser demonstrado, devia ser por meio de medições. Antes de Einstein, pensava-se que as medições confirmavam a geometria de Euclides nos limites de uma exatidão alcançável. Hoje não se pensa mais assim. Ainda é verdade que podemos, por meio do que pode ser chamado de um artifício natural, fazer a geometria euclidiana *parecer* verdadeira em toda uma pequena região, como a Terra. Ao explicar a gravitação, porém, Einstein foi levado à ideia de que, em regiões amplas, em que há matéria, o espaço não pode ser visto como euclidiano. Trataremos mais tarde das razões disso. O que nos interessa por ora é mostrar como a geometria não euclidiana resulta de uma generalização do trabalho de Gauss.

Não há nenhuma razão para que não devêssemos ter no espaço tridimensional as mesmas circunstâncias que temos, por exemplo, na superfície de uma esfera. Poderia acontecer que os ângulos de um triângulo somassem sempre mais de dois ângulos retos, e que o excesso fosse proporcional ao tamanho do triângulo. Poderia acontecer que a distância entre dois pontos fosse dada por uma fórmula análoga à que temos na superfície de uma esfera, mas envolvendo três quantidades em vez de duas. Só através de medições efetivas podemos verificar se isso de fato ocorre ou não. Há um número infinito de possibilidades.

Essa linha de argumentação foi desenvolvida por Riemann em sua dissertação "Sobre as hipóteses subjacentes à geometria" (1854), que aplicou o trabalho de Gauss a superfícies de espaços tridimensionais de diferentes tipos. Riemann mostrou que todas as características essenciais de um tipo de espaço podiam ser deduzidas da fórmula para pequenas distâncias. Ele supôs que, a partir das pequenas distâncias em três direções dadas, que, juntas, o levariam de um ponto a outro não distante dele, seria possível calcular as distâncias entre os dois pontos. Por exemplo, se você sabe que pode passar de um ponto a outro primeiramente deslocando-se certa distância a leste, depois certa distância a norte, e finalmente certa distância para cima em linha reta no ar, será capaz de calcular a distância de um ponto a outro. E a regra para o cálculo deve ser uma extensão do teorema de Pitágoras, no sentido de que você chega ao quadrado da distância requerida somando múltiplos dos quadrados das distâncias componentes, possivelmente junto com múltiplos de seus produtos. A partir de certas características da fórmula, você pode saber com que tipo de espaço tem de lidar. Essas características não dependem do método particular adotado para determinar as posições dos pontos.

Para chegar ao que queremos quanto à teoria da relatividade, temos agora mais uma generalização a fazer: devemos substituir distância entre pontos por "intervalo" entre eventos. Isso nos leva ao espaço-tempo. Vimos que, na teoria da relatividade especial, encontra-se o quadrado do intervalo subtraindo-se o quadrado da distância entre eventos do quadrado da distância que a luz percorreria no tempo entre eles. Na teoria geral não adotamos essa forma especial de intervalo. De início, adotamos uma forma geral, como a que Riemann usou para distâncias. Além disso, como Riemann, Einstein só adotou a fórmula para eventos *vizinhos*, isto é, eventos separados apenas por um pequeno intervalo. O que vai além dessas suposições iniciais depende da observação do movimento real de corpos, tal como explicaremos em capítulos posteriores.

Podemos agora resumir e expressar de outra maneira o processo que descrevemos. Em três dimensões, a posição de um ponto relativamente a um ponto fixo (a "origem") pode ser determinada a partir de três quantidades ("coordenadas"). Por exemplo, a posição de um balão relativamente à sua casa pode ser determinada se você souber que chegará a ele percorrendo primeiro certa distância em linha reta rumo a leste, depois outra rumo ao norte e por fim uma dada distância em linha reta para cima. Quando, como neste caso, as três coordenadas são três distâncias todas em ângulo reto entre si, que, tomadas sucessivamente, o levam da origem ao ponto em questão, o quadrado da distância direta até o ponto em questão é obtido somando-se os quadrados das três coordenadas. Em todos os casos, seja em espaços euclidianos ou não euclidianos, ele é obtido somando-se múltiplos dos quadrados e produtos das coordenadas segundo uma regra designável. As coordenadas podem ser quaisquer quantidades que determinem a posição de um ponto, desde que pontos vizinhos tenham quantidades vizinhas como coordenadas. Na teoria geral da relatividade, somamos uma quarta coordenada para dar o tempo, e nossa fórmula dá "intervalo" em vez de distância espacial; além disso, supomos que nossa fórmula é precisa apenas para pequenas distâncias.

Finalmente, estamos agora em condições de enfrentar a teoria da gravitação de Einstein.

Capítulo VIII

A lei da gravitação de Einstein

Antes de enfrentar a lei de Einstein, convém nos convencermos, em bases lógicas, de que a lei da gravitação de Newton não pode estar inteiramente certa.

Newton disse que entre duas partículas quaisquer de matéria há uma força que é proporcional ao produto de suas massas e inversamente proporcional ao quadrado de sua distância. Isto é, desconsiderando por enquanto a questão da massa, se houver alguma atração entre as partículas quando elas estão a 1 km de distância, haverá ¼ dessa atração quando estiverem a 2 km de distância, ⅑ quando estiverem a 3 km de distância, e assim por diante: a redução da atração é muito mais rápida que o aumento da distância. Ora, é claro que, ao falar de distância, Newton tinha em mente a distância num dado momento: pensava que não podia haver nenhuma ambiguidade em relação ao tempo. Como vimos, isso era um erro. O que um observador julga ser o mesmo momento na Terra e no Sol, será julgado por outro como dois momentos diferentes. "Distância num dado momento" é, portanto, uma concepção subjetiva, que certamente não pode ser incluída numa lei cósmica. Poderíamos, é claro, eliminar a ambiguidade de nossa lei dizendo que vamos estimar os tempos tal como são medidos pelo observatório de Greenwich. Mas seria difícil acreditar que as circunstâncias acidentais da Terra merecem ser levadas tão a sério. E a estimativa da distância, igualmente, variará para diferentes observadores. Não podemos, portanto, admitir que a lei da gravitação tal como formulada por Newton é inteiramente correta, pois ela dará resultados diferentes segundo as convenções que adotemos, entre muitas igualmente legítimas. Isso é tão absurdo como seria se a questão de ter uma pessoa matado outra ou não dependesse de serem elas designadas por seus nomes ou sobrenomes. É óbvio que as leis físicas devem ser as mesmas, quer as distâncias sejam medidas em milhas ou em quilômetros, e o que nos interessa aqui é, essencialmente, apenas uma extensão do mesmo princípio.

Nossas medidas são muito mais convencionais que a própria teoria da relatividade especial admite. Além disso, cada medida é um processo físico realizado com material físico; o resultado é certamente um dado experimental, mas pode ser que ele não se preste à interpretação simples que comumente lhe atribuímos. Não vamos portanto supor, para começar, que sabemos como medir todas as coisas. Supomos que há certa quantidade física chamada "intervalo", que é uma relação entre dois eventos não muito separados; mas não supomos de antemão que sabemos como medi-lo, além de presumir que ele é dado por uma generalização do teorema de Pitágoras, tal como discutido por nós no capítulo anterior.

Supomos, contudo, que os eventos têm uma *ordem*, e que essa ordem é quadridimensional. Ou seja, supomos que sabemos o que significa dizer que certo evento está mais perto de outro que um terceiro, de modo que, antes de fazer medidas precisas, podemos falar da "vizinhança" de um evento; e supomos que, para determinar a posição de um evento no espaço-tempo, quatro quantidades (coordenadas) são necessárias — por exemplo, no caso já mencionado de uma explosão num avião: latitude, longitude, altitude e hora. Mas não fazemos nenhuma suposição sobre o modo como essas coordenadas são estipuladas, exceto que coordenadas vizinhas são atribuídas a eventos vizinhos.

O modo como esses números, chamados coordenadas, devem ser estipulados não é inteiramente arbitrário, nem resultado de uma medição cuidadosa — está entre uma coisa e outra. Quando você está fazendo uma viagem contínua, suas coordenadas nunca devem se alterar por saltos repentinos. Nos Estados Unidos, vemos que as casas entre (digamos) a rua 14 e a rua 15 tendem a ter números entre 1.400 e 1.500, enquanto as que ficam entre as ruas 15 e 16 têm números entre 1.500 e 1.600, mesmo que sobrem números na centena de 1.400. Isso não funcionaria para nossos propósitos, porque há um salto repentino quando passamos de um quarteirão para outro. Outra maneira de determinar a coordenada do tempo poderia ser a seguinte: tomar o tempo que transcorre entre dois nascimentos sucessivos de pessoas chamadas Smith; um evento que ocorresse entre o nascimento do 300º e do 301º Smith registrados pela história teria uma coordenada situada entre 300 e 301; a parte fracionária dessa coordenada será a fração de um ano transcorrida desde o nascimento do 300º Smith. (Obviamente, nunca poderia haver um ano inteiro entre duas adições sucessivas à família Smith.) Essa maneira de determinar a coordenada do tempo, embora perfeitamente definida, não é admissível para nossos propósitos, porque haveria saltos repentinos entre os eventos que antecedessem de pouco o nascimento de um Smith e os que ocorressem logo em seguida a ele, de modo que, numa viagem contínua, sua coordenada do tempo não mudaria continuamente. Supomos que, independentemente de medida, sabemos o que é uma viagem contínua. E quando a posição que você ocupa no espaço-tempo muda continuamente, todas as suas quatro coordenadas devem mudar continuamente. Uma, duas ou três delas podem não mudar em absoluto, mas toda mudança, acaso ocorra, deve ser suave, sem saltos bruscos. Isso explica o que *não* é admitido na estipulação de coordenadas.

Para explicar todas as mudanças legítimas que podem ocorrer em suas coordenadas, suponha que você pega um pedaço de borracha grande e macio. Antes de esticá-lo, meça pequenos quadrados nele, cada um com 0,25 cm. Enfie pequenos alfinetes nos cantos dos quadrados. Podemos tomar como duas das coordenadas de um desses alfinetes o número de alfinetes por que passamos indo para a direita de um dado alfinete até chegarmos exatamente embaixo do alfinete em questão, e depois o número de alfinetes por que passamos desse alfinete até em cima. Na figura, consideremos O como o alfinete de que partimos e *P* o alfinete para o qual vamos estipular coordenadas. *P* está na 5ª coluna e na 3ª linha, portanto suas coordenadas no plano da borracha devem ser 5 e 3.

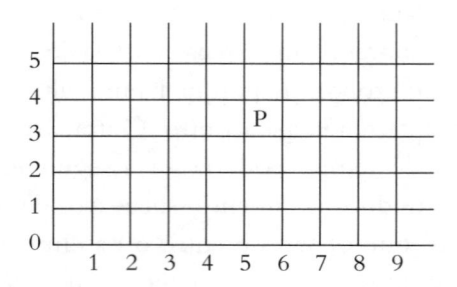

Agora pegue a borracha e estique-a e torça-a tanto quanto quiser. Depois deixe os alfinetes ficarem na forma que têm na próxima figura.

As divisões não representarão mais as distâncias segundo nossas noções habituais, mas ainda funcionarão igualmente bem como coordenadas. Continuamos podendo tomar 5 e 3 como as coordenadas de *P* no plano da borracha, mesmo que o tenhamos retorcido tanto que ele deixou de corresponder ao que costumamos chamar de plano. Essas distorções contínuas não têm importância.

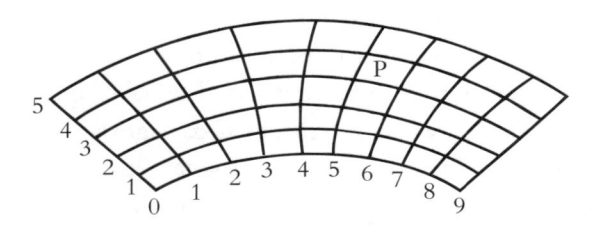

Para dar outro exemplo: em vez de usar uma régua de aço para determinar nossas coordenadas, usemos uma enguia viva, que se contorce o tempo todo. A distância da cauda da enguia à cabeça deve ser contada como *1* do ponto de vista das coordenadas, seja qual for a forma que a criatura esteja assumindo no momento. A enguia é contínua, e suas contorções são contínuas, por isso podemos tomá-la como nossa unidade de distância ao estabelecer coordenadas. Afora a exigência de continuidade, o método de definição de coordenadas é puramente convencional, e, portanto, a enguia viva serve tão bem quanto uma régua de aço.

Tendemos a pensar que, para fazer medições realmente cuidadosas, é melhor usar uma régua de aço que uma enguia viva. Isso é um erro; não porque a enguia nos diga tudo aquilo que se pensava que a régua diz, e sim porque, na verdade, a régua de aço não diz nada além do que a enguia obviamente diz. O x da questão não é que as enguias sejam na verdade rígidas, é que as réguas de aço na verdade se contorcem. Para um observador em apenas um estado possível de movimento, a enguia parecerá rígida, ao passo que a régua de aço parecerá se contorcer tanto quanto o faz a enguia para nossos olhos. Para todos que estejam se movendo diferentemente desse observador e de nós mesmos, tanto a enguia quanto a régua parecerão se contorcer. E não cabe dizer que um observador está certo e outro errado. Nessas matérias, o que é visto não depende unicamente do processo físico observado, mas também do ponto de vista do observador. Medições de distâncias e tempos não revelam diretamente propriedades das coisas medidas, mas relações entre as coisas e quem as mede. O que a observação pode nos dizer sobre o mundo físico é, portanto, mais abstrato do que acreditamos até agora.

É importante compreender que a geometria, tal como ensinada nas escolas desde o tempo dos gregos, cessa de existir como ciência autônoma e se funde com a física. As duas noções fundamentais da geometria elementar eram a linha reta e o círculo. O que você vê como uma estrada reta, cujas partes existem todas agora, pode ser visto por outro observador como o voo de um foguete, um tipo de curva cujas partes ganham existências sucessivas. O círculo depende da medição de distâncias, pois consiste em todos os pontos a uma dada distância de seu centro. E medições de distâncias, como vimos, são um assunto subjetivo, que depende do modo como o observador está se movendo. O fato de o círculo não ter validade objetiva foi demonstrado pelo experimento Michelson-Morley, e é, portanto, em certo sentido, o ponto de partida de toda a teoria da relatividade. Os corpos rígidos de que precisamos para fazer medições só são rígidos para certos observadores; para outros, todas as suas dimensões estarão em constante mudança. É somente nossa imaginação obstinadamente mundana que nos faz supor que possa existir uma geometria separada da física.

É por isso que não nos preocupamos em dar um significado físico a nossas coordenadas desde o início. Antigamente, considerava-se que as coordenadas usadas na física deviam ser distâncias cuidadosamente medidas; hoje compreendemos que tomar esse cuidado no início é perda de tempo. É num estágio posterior que se exige cuidado. Nossas coordenadas agora mal passam de uma maneira sistemática de catalogar eventos. Mas a matemática fornece, com o método dos tensores, uma técnica tão imensamente poderosa que podemos usar coordenadas estabelecidas dessa maneira aparentemente descuidada com tanta eficácia como se tivéssemos aplicado, para chegar a elas, todo um aparato de medições minuciosamente precisas. A vantagem de ser negligente no início é que evitamos fazer suposições físicas sub-reptícias, que dificilmente conseguimos deixar de fazer quando julgamos que nossas coordenadas têm inicialmente algum significado físico particular.

Não precisamos tentar desconsiderar todos os fenômenos físicos observados. Sabemos algumas coisas. Sabemos que a velha física newtoniana é muito aproximadamente precisa quando nossas coordenadas foram escolhidas de determinada maneira. Sabemos que a teoria da relatividade especial é ainda mais aproximadamente precisa para as coordenadas adequadas. Desses fatos podemos inferir certas coisas sobre nossas novas coordenadas, as quais, numa dedução lógica, aparecem como postulados para a nova teoria.

Tomamos como tais postulados:

1. Que o intervalo entre eventos vizinhos assume uma forma geral, como o usado por Riemann para distâncias.

2. Que um corpo suficientemente pequeno, leve e simétrico desloca-se numa geodésica no espaço-tempo, exceto quando forças não gravitacionais atuam sobre ele.

3. Que um raio de luz desloca-se numa geodésica tal que o intervalo entre quaisquer partes dela é zero.

Cada um desses postulados requer alguma explicação.

Nosso primeiro postulado exige que, se dois eventos forem muito próximos (mas não necessariamente se não o forem), haja entre eles um intervalo que possa ser calculado a partir das diferenças entre suas coordenadas por alguma fórmula do tipo considerado no capítulo anterior. Isto é, tomamos os quadrados e os produtos das diferenças entre as coordenadas, depois os multiplicamos por quantidades adequadas (que em geral variam de um lugar para outro), e somamos os resultados. A soma obtida é o quadrado do intervalo. Não supomos de antemão que conhecemos as quantidades pelas quais os quadrados e produtos devem ser multiplicados; isso será descoberto pela observação de fenômenos físicos. Mas sabemos, porque a matemática mostra que é assim, que dentro de qualquer região pequena do espaço-tempo podemos escolher as coordenadas de tal modo que o intervalo tenha quase exatamente a forma especial que encontramos na teoria da relatividade especial. Para que a teoria especial possa ser aplicada a uma região limitada, não é necessário que haja alguma gravitação nela; basta que a intensidade da gravitação seja praticamente a mesma em toda a região. Isso nos permite aplicar a teoria especial dentro de qualquer região pequena. Quão pequena ela precisa ser, depende da vizinhança. Na superfície da Terra, teria de ser pequena o bastante para que a curvatura do planeta fosse negligenciável. Nos espaços entre os planetas, basta que seja pequena o suficiente para que a atração exercida pelo Sol e os planetas seja sensivelmente constante em toda ela. Nos espaços entre as estrelas, ela pode ser enorme — digamos, ter metade da distância de uma estrela à próxima —, sem que isso introduza imprecisões mensuráveis.

Assim, a uma grande distância de matéria gravitante, podemos escolher nossas coordenadas de modo a obter algo muito próximo de um espaço euclidiano; isto é apenas uma outra maneira de dizer que a teoria da relatividade especial se aplica. Na vizinhança de matéria, embora ainda possamos tornar nosso espaço muito aproximadamente euclidiano numa região muito pequena, não o podemos fazer na totalidade de nenhuma região em que a gravitação varie sensivelmente — se o fizermos, teremos no mínimo de abandonar a concepção expressa no segundo postulado: os corpos que se movem sob forças gravitacionais só se movem em geodésicas.

Vimos que uma geodésica numa superfície é a linha mais curta que podemos traçar nessa superfície de um ponto a outro; por exemplo, na Terra, as geodésicas são círculos máximos. Quando se trata de espaço-tempo, a matemática é a mesma, mas as explicações verbais têm de ser bastante diferentes. Na teoria da relatividade geral, só eventos vizinhos têm um intervalo definido, independentemente do caminho que tomemos para ir de um a outro. O intervalo entre eventos distantes depende do caminho seguido, e para calculá-lo temos de dividir o caminho numa série de pedacinhos e somar os intervalos para os vários pedacinhos. Se o intervalo for do tipo espaço, um corpo não pode se deslocar de um evento ao outro; portanto, quando consideramos o modo como os corpos se movem, ficamos restritos a intervalos do tipo tempo. O intervalo entre eventos vizinhos, quando é do tipo tempo, aparecerá como o tempo decorrido entre eles para observadores que se deslocam de um evento para outro. Assim, para pessoas que se deslocam de um evento para outro, o intervalo total entre eles parecerá ser o que seus relógios mostram como sendo o tempo que elas gastaram no percurso. Para alguns caminhos esse tempo será mais longo, para outros, mais curto; quanto mais lentamente as pessoas se deslocam, mais longo lhes parecerá ter sido o percurso. Isso não deve ser tomado como uma banalidade. Não estou dizendo que se você viajar de Londres a Edimburgo vai levar mais tempo se for mais devagar. O que estou dizendo é muito mais estranho: estou dizendo que se você sai de Londres às 10h e chega a Edimburgo às 18h30, hora de Greenwich, quanto mais lentamente você viajar, mais tempo levará — a julgar pelo seu relógio. Esta é uma afirmação muito diferente. Do ponto de vista de uma pessoa na Terra, sua viagem leva oito horas e meia. Mas se você fosse um raio de luz deslocando-se em torno do sistema solar, partindo de Londres às 10h, refletido de Júpiter para Saturno, e assim por diante, até que finalmente você fosse refletido de volta para Edimburgo e chegasse lá às 18h30, você consideraria que sua viagem levara exatamente tempo nenhum. E se você tivesse ido por algum caminho indireto, que lhe permitisse chegar a tempo viajando mais depressa, quanto mais comprido seu caminho, menos tempo você julgaria que levara; a diminuição do tempo seria contínua à medida que sua velocidade se aproximasse da velocidade da luz. Ora, quando um corpo viaja, no que depender dele, será escolhido o caminho que torna o tempo entre dois estágios da viagem tão longo quanto possível; se ele tivesse se deslocado de um evento para outro por qualquer outro caminho, o tempo, tal como medido pelos relógios desse corpo, teria sido mais curto. Isto é uma maneira de dizer que, por si mesmos, os corpos fazem suas jornadas tão lentamente quanto podem; é uma espécie de lei da preguiça cósmica. Sua expressão matemática é que os corpos viajam em geodésicas, nas quais o intervalo total entre dois eventos quaisquer na viagem é *maior* que por qualquer caminho alternativo. (É maior, não menor, em decorrência do fato de que o tipo de intervalo que estamos considerando é mais análogo ao tempo do que à distância.) Por exemplo, se pessoas pudessem deixar a Terra e viajar pelo espaço durante algum tempo e depois voltar, o tempo entre sua partida e seu retorno seria menor por seus relógios do que pelos relógios dos que ficaram na Terra; a Terra, em sua viagem em torno do Sol, escolhe o caminho que torna o tempo de qualquer pedacinho de seu curso, tal como aferido por seus relógios, mais longo que o tempo tal como avaliado pelos relógios que se movem por um caminho diferente. É esse o significado da afirmação de que os corpos, no que depende deles, se movem em geodésicas no espaço-tempo.

É importante lembrar que não se supõe que o espaço-tempo seja euclidiano. No que diz respeito às geodésicas, o efeito disso é que o espaço-tempo assemelha-se a uma região montanhosa. Na vizinhança de um pedaço de matéria, há, por assim dizer, um morro no espaço-tempo; esse morro fica cada vez mais escarpado à medida que o topo se aproxima, como o gargalo de uma garrafa, e termina num precipício a prumo. Ora, pela lei da preguiça cósmica que mencionamos há pouco, um corpo que chega na vizinhança do morro, em vez de tentar subir diretamente até seu topo, irá contorná-lo. Essa é a essência da concepção da gravitação de Einstein. Um corpo faz o que faz por causa da natureza do espaço-tempo em sua própria vizinhança, não em razão de alguma força misteriosa que emana de um corpo distante.

Uma analogia permitirá deixar isso claro. Suponha que numa noite escura várias pessoas com lanternas estivessem caminhando em várias direções por uma enorme planície; suponha também que numa parte da planície houvesse um morro com um farol no topo. Nosso morro seria como descrevemos: cada vez mais escarpado à medida que se elevasse e terminando num precipício. Vou supor que há aldeias espalhadas pela planície, e que as pessoas com lanternas estão indo e vindo entre essas várias aldeias. Há trilhas que mostram a maneira mais fácil de ir de uma aldeia a outra. Elas são todas mais ou menos curvas, para não subirem muito no morro, e as curvas são mais acentuadas quando se aproximam do topo do morro do que quando se mantêm a certa distância dele. Agora suponha que você está observando tudo isso da melhor maneira possível: de um balão, num ponto elevado. Como a noite está escura, você não pode ver o terreno, só as lanternas e o farol. Você não saberá que há um morro, nem que o farol está no alto dele. Verá que as lanternas se afastam da rota direta quando se aproximam do farol, e que quanto mais se aproximam dele, mais se desviam. Certamente, atribuirá isso a um efeito do farol; poderá pensar que ele está exercendo alguma força sobre as lanternas. Se esperar o raiar do dia, porém, você verá o morro e descobrirá que o farol apenas marca o seu topo, não exercendo nenhuma influência sobre as pessoas que andam com as lanternas.

Nesta analogia, o farol corresponde ao Sol, as pessoas carregando lanternas correspondem aos planetas e cometas, as trilhas correspondem às suas órbitas, e o raiar do dia corresponde à chegada de Einstein. Segundo Einstein, o Sol está no alto de um morro, mas esse morro está no espaço-tempo, não no espaço. (Aconselho o leitor a não tentar imaginar isto, porque é impossível.) Cada corpo, a cada momento, toma a rota mais fácil aberta para ele, mas, por causa do morro, essa rota não é uma linha reta. Cada pedacinho de matéria está no topo de seu próprio morro, como o galo sobre seu próprio monturo. O que chamamos um grande pedaço de matéria é o pedaço que está no topo de um grande morro. É do morro que temos conhecimento; supomos que há um pedacinho de matéria no seu topo por conveniência. Talvez não fosse realmente necessário admitir isso, e pudéssemos nos contentar unicamente com o morro, pois nunca podemos chegar ao topo do morro de nenhuma outra pessoa, assim como o galo briguento não consegue lutar com aquela ave particularmente irritante que vê no espelho.

Dei apenas uma descrição qualitativa da lei da gravitação de Einstein; dar sua formulação quantitativa exata é impossível sem mais matemática que estou me permitindo usar aqui. O que ela tem de mais interessante é fazer com que a lei deixe de ser o resultado de uma ação à distância; o Sol não exerce absolutamente nenhuma força sobre os planetas. Assim como a geometria tornou-se física, assim também, em certo sentido, a física tornou-se geometria. A lei da gravitação tornou-se a lei geométrica segundo a qual todo corpo toma o caminho mais fácil para se deslocar de um lugar a outro, mas esse caminho é afetado pelos morros e vales por que ele passa.

Estamos supondo que o corpo considerado é afetado unicamente por forças gravitacionais. O que nos interessa no momento é a lei da gravitação, não os efeitos de forças eletromagnéticas ou das forças que agem entre partículas subatômicas. Foram feitas muitas tentativas de reunir todas essas forças no arcabouço da relatividade geral, pelo próprio Einstein e por Kaluza e Klein,[10] para mencionar apenas algumas,

---

[10] E também Weyl. (N.R.T.)

mas nenhuma delas mostrou-se inteiramente satisfatória. Por enquanto, podemos deixar de lado esse trabalho, porque os planetas, tomados por inteiro, não estão submetidos a forças eletromagnéticas ou subatômicas apreciáveis; para explicar seus movimentos, precisamos considerar apenas a gravitação, que é o nosso tema neste capítulo.

Nosso terceiro postulado, segundo o qual um raio de luz se desloca de tal maneira que o intervalo entre duas partes dele é zero, tem a vantagem de não precisar ser formulado apenas para *pequenas* distâncias. Se cada pedacinho de intervalo é zero, a soma de todos eles é zero, e assim mesmo partes distantes do mesmo raio de luz têm um intervalo zero. Segundo este postulado, o curso de um raio de luz também é geodésico. Assim, temos agora duas maneiras empíricas de descobrir o que são as geodésicas no espaço-tempo, a saber, raios de luz e corpos em movimento livre. Entre os corpos que se movem livremente estão incluídos todos os que não estão submetidos, em sua totalidade, a forças eletromagnéticas ou subatômicas apreciáveis, isto é, o Sol, as estrelas, os planetas e os satélites, e também corpos em queda na Terra, pelo menos quando estão caindo num vácuo. Quando você está de pé sobre a Terra, está sujeito a forças eletromagnéticas: os elétrons e prótons na vizinhança de seus pés exercem uma repulsão sobre eles que é exatamente suficiente para superar a gravitação da Terra. É isso que impede que você caia, afundando-se Terra adentro, pois, por mais sólida que pareça, ela é feita sobretudo de espaço vazio.

Capítulo IX
Provas da lei da gravitação de Einstein

As razões por que devemos aceitar a lei da gravitação de Einstein em vez da de Newton são em parte empíricas, em parte lógicas. Comecemos pelas primeiras.

Quando aplicada ao cálculo das órbitas dos planetas e de seus satélites, a nova lei da gravitação produz quase os mesmos resultados que a antiga. Se não fosse assim, não poderia ser verdadeira, já que as consequências deduzidas da lei antiga sempre foram verificadas quase exatamente pela observação. Quando Einstein publicou pela primeira vez a nova lei, em 1915, só havia um único fato empírico o qual pôde apontar para mostrar que sua teoria era melhor que a antiga. Tratava-se do chamado movimento do periélio de Mercúrio.

Mercúrio, como os demais planetas, move-se em torno do Sol numa elipse em que o Sol está em um dos focos. Em alguns pontos de sua órbita, fica mais próximo do Sol do que em outros. O ponto em que mais se aproxima do Sol é chamado seu "periélio" Ora, descobriu-se por observação que, de uma ocasião em que Mercúrio está mais próximo do Sol para a seguinte, ele não dá exatamente uma volta completa em torno do Sol, mas um pouco mais. A discrepância é muito pequena; em um século, perfaz um ângulo de 42 segundos. Como gira em torno do Sol mais que quatrocentas vezes em um século, Mercúrio deve se mover cerca de um décimo de segundo de arco mais que a revolução completa para passar de um periélio ao seguinte. Essa minúscula discrepância em relação à teoria newtoniana deixava os astrônomos perplexos. Havia um efeito calculado pelas perturbações causadas por outros planetas, mas essa pequena discrepância era o resíduo depois que se levaram em conta essas perturbações. A nova teoria explicava exatamente esse resíduo. Parece haver um efeito semelhante no caso de outros planetas, mas é muito menor e ainda não foi observado com exatidão. De início, explicar o efeito no periélio do movimento de Mercúrio foi a única vantagem empírica da nova teoria sobre a antiga.

O segundo sucesso foi mais fantástico. De acordo com a opinião ortodoxa, a luz num vácuo deveria se deslocar sempre em linhas retas.

Não sendo composta de partículas materiais, não devia ser afetada pela gravitação. No entanto, era possível, sem nenhum rompimento sério com as ideias antigas, admitir que, ao passar nas proximidades do Sol, a luz podia ser defletida para fora do caminho reto, exatamente como se fosse composta de partículas materiais. Segundo a nova teoria, contudo, a luz deveria ser defletida duas vezes mais que isso. Isto é, se a luz de uma estrela passasse muito perto do Sol, o raio vindo da estrela seria desviado em um ângulo de pouco menos que 1,75". Os tradicionalistas só se dispunham a admitir metade desse desvio. Infelizmente, as estrelas que estão quase alinhadas com o Sol só podem ser vistas durante um eclipse total, e mesmo nessas ocasiões podem não ser suficientemente brilhantes perto do Sol. Eddington mostrou que, desse ponto de vista, o melhor dia do ano para observações é 29 de maio, porque nesse momento há um grande número de estrelas brilhantes perto do Sol. Por um incrível golpe de sorte, houve um eclipse total do Sol em 29 de maio de 1919. Duas expedições britânicas fotografaram as estrelas próximas do Sol durante o eclipse,[11] e os resultados pareceram confirmar a previsão da nova teoria. Isso despertou grande entusiasmo na época, mas havia muitas fontes de erro possíveis nas observações, e os resultados não podiam ser considerados conclusivos. Em observações feitas em eclipses subsequentes, os resultados variaram entre metade e o dobro do valor previsto pela nova teoria.

Recentemente, no entanto, descobriu-se que entre as fortes fontes de ondas de rádio semelhantes a estrelas, chamadas quasars, há algumas cujas emissões, tal como vistas da Terra, passam muito perto do Sol em certos momentos do ano. A previsão da nova teoria sobre a deflexão da luz aplica-se igualmente à deflexão de ondas de rádio, e, usando dois ou mais radiotelescópios separados por cerca de 32 km, é possível medir a deflexão com grande precisão. Os resultados concordam muito proximamente com os previstos pela nova teoria.

A terceira previsão experimental da nova teoria foi também confirmada com muita precisão, embora o experimento não seja mais realizado da maneira originalmente proposta por Einstein. Antes de explicar o efeito em questão, algumas explicações preliminares são

---

[11] Em Sobral, no Ceará. (N.R.T.)

necessárias. O espectro de um elemento consiste em certas linhas de vários tons de luz que ele emite quando brilha, as quais podem ser separadas por um prisma. Essas linhas são (muito aproximadamente) as mesmas, quer o elemento esteja na Terra, no Sol ou numa estrela. Cada uma delas tem certo tom definido de cor, com um comprimento de onda definido. Os comprimentos de onda mais longos tendem para a extremidade vermelha do espectro, os mais curtos para a extremidade violeta. Quando a distância entre nós e a fonte de luz está diminuindo, os comprimentos de onda aparentes ficam mais curtos, tal como as ondas no mar ficam mais rápidas quando estamos viajando contra o vento. Quando a distância está aumentando, os comprimentos de onda aparentes ficam mais longos, pela mesma razão. Isso nos permite saber se as estrelas estão se aproximando ou se distanciando de nós. Quando a separação está diminuindo, todas as linhas no espectro de um elemento se deslocam um pouco em direção ao violeta; quando está aumentando, para o vermelho. A qualquer hora, podemos notar um efeito análogo a esse no som. Quando estamos numa estação e um trem expresso passa apitando, o som do apito parece muito mais agudo quando ele está se aproximando do que quando se afasta. Provavelmente muita gente pensa que o som "realmente" mudou, mas na verdade a mudança que percebemos se deve exclusivamente ao fato de que o trem primeiro estava se aproximando e depois se afastando. Para os passageiros do trem, o som não se altera. Mas não foi com relação a este efeito que a previsão foi feita. Segundo a nova teoria, qualquer processo periódico que ocorre num átomo dura o mesmo "intervalo" de tempo, onde quer que o átomo esteja. Mas um intervalo de tempo em um lugar não corresponde exatamente ao mesmo intervalo de tempo em algum outro lugar; isso se deve ao caráter "montanhoso" do espaço-tempo que constitui a gravitação.

 A teoria prevê que um processo periódico que ocorre em um átomo no térreo de um edifício ocorrerá numa taxa ligeiramente mais lenta que na cobertura. A emissão de ondas de luz é de fato um processo periódico; quando ocorre mais lentamente, permite mais espaço entre sucessivas cristas de ondas, e assim produz luz de um comprimento de onda mais longo. Consequentemente, qualquer linha dada no espectro, quando a luz é enviada do térreo para a cobertura de um edifício, parece aos observadores que estão na cobertura um pouco mais próxima da extremidade vermelha do espectro do que se a luz viesse de uma fonte em seu próprio nível.

A previsão de Einstein envolveu a comparação de ondas de luz emitidas por átomos no Sol com ondas de luz emitidas por átomos na Terra. O campo gravitacional é muito mais forte na superfície do Sol que na da Terra, de modo que a diferença em comprimento de onda é maior que a verificada entre o térreo e a cobertura de um edifício, mas as dificuldades de medir o efeito na luz solar são tão grandes que os resultados foram inconclusivos. O mesmo pode ser dito sobre medições da luz emitida por estrelas, para a qual o efeito também deveria ocorrer. Na época da previsão original, fazer uma medida a partir da Terra estava fora de cogitação, mas nos últimos 25 anos foram inventados novos métodos que tornam possível enviar sinais luminosos cujos comprimentos de onda são conhecidos com imensa precisão, e o efeito previsto já foi precisamente confirmado por muitos experimentos diferentes.

Há muitas outras diferenças entre a nova lei da gravitação e a antiga, algumas das quais foram inequivocamente confirmadas por experimentos. Um dos mais precisos destes é o efeito de "retardamento do tempo", que só foi previsto em 1964, quase cinquenta anos depois que a nova teoria foi proposta.

A razão disso pode ter sido que o retardamento do tempo em questão não passa de algumas centenas de milionésimos de um segundo, e só recentemente se tornou possível medir tempos tão curtos. A previsão é que um sinal luminoso levará mais tempo para viajar de um lugar escolhido para outro se houver um "morro" gravitacional nas proximidades do que se não houver. Nos experimentos, sinais de radar, a que a previsão se aplica igualmente, são enviados da Terra para um dos outros planetas, ou para um satélite artificial, e refletidos de volta para a Terra. As medições são feitas quando o agente refletor está no lado mais afastado do Sol, que age como o morro gravitacional. Os resultados confirmam as previsões da teoria com grande exatidão, em alguns casos com margem de erro menor que 0,1%.

Os testes experimentais acima são inteiramente suficientes para convencer os astrônomos de que, quando a nova e a velha teoria diferem no tocante aos movimentos dos corpos celestes, é a nova que dá os resultados certos. Mesmo que só houvesse resultados experimentais em favor da nova teoria, eles já seriam conclusivos. Quer represente ou não a verdade exata, a nova teoria é sem dúvida mais exata que a antiga, embora as imprecisões desta fossem todas extremamente diminutas.

Mas as considerações que levaram originalmente à descoberta da nova lei não foram desse tipo detalhado. Mesmo a consequência relativa ao periélio de Mercúrio, que pôde ser imediatamente verificada a partir de observações prévias, só pôde ser deduzida depois que a teoria estava completa, e não poderia ter tido nenhum papel nas razões para a invenção dela. As razões reais tiveram um caráter mais lógico-abstrato. Não quero dizer com isso que não se fundassem em fatos observados, nem insinuar que eram fantasias *a priori*, como aquelas a que filósofos se entregavam antigamente. O que quero dizer é que foram derivadas de certas características gerais da experiência física — características que mostravam que as velhas leis *tinham* de estar erradas e que *era preciso* substituí-las por algo como a nova lei.

Os argumentos em favor da relatividade do movimento são, como vimos em capítulos anteriores, inteiramente conclusivos. Na vida diária, quando dizemos que uma coisa se move, queremos dizer que se move em relação à Terra. Ao tratar dos movimentos dos planetas, consideramos que eles se movem em relação ao Sol, ou ao centro de massa do sistema solar. Quando dizemos que o próprio sistema solar está em movimento, queremos dizer que se move relativamente às estrelas. Não há nenhuma ocorrência física que possa ser chamada de "movimento absoluto". Consequentemente, as leis da física devem tratar de movimentos relativos, pois esses são o único tipo que ocorre.

Tomemos agora a relatividade do movimento em conjunção com o fato experimental de que a velocidade da luz em relação a um corpo é a mesma que em relação a outro, seja como for que ambos estejam se movendo. Isso nos leva à relatividade das distâncias e dos tempos. Isso, por sua vez, mostra que não há nenhum fato físico objetivo a que pudéssemos chamar de "a distância entre dois corpos num momento dado", pois o tempo e a distância serão ambos dependentes do observador. Portanto, a antiga lei da gravitação, que faz uso de "distância num momento dado", é logicamente insustentável.

Isso mostra que não podemos nos contentar com a velha lei, mas não mostra o que devemos pôr em seu lugar. Aqui cabem várias considerações. Temos, em primeiro lugar, a chamada "igualdade das massas gravitacional e inercial". O que isso significa é o seguinte: quando você aplica uma dada força[12] a um corpo pesado, não lhe dá tanta aceleração quanto daria a um corpo leve. A chamada massa "inercial" de um corpo é medida pela quantidade de força requerida para produzir uma dada aceleração. Num determinado ponto da superfície da Terra, a "massa" é proporcional ao "peso". O que é medido pelas balanças comuns é mais exatamente a massa que o peso: o peso é definido como a força com que a Terra atrai o corpo. Ora, essa força é maior nos polos que no equador, porque nessa região a rotação da Terra produz uma "força centrífuga" que neutraliza parcialmente a gravitação. A força de atração da Terra é também maior na sua superfície que numa grande altura ou no fundo de uma mina muito profunda. Nenhuma dessas variações, porém, é registrada por balanças, porque afetam os pesos usados na pesagem tanto quanto o corpo que está sendo pesado; mas aparecem quando usamos uma balança de mola. A massa não varia no curso dessas mudanças de peso.

A massa "gravitacional" é definida de outra maneira. Pode ter dois sentidos. Pode significar (1) o modo como o corpo responde numa situação em que a gravitação tem uma intensidade conhecida, por exemplo, na superfície da Terra ou na superfície do Sol; ou (2) a intensidade da força gravitacional produzida pelo corpo como, por exemplo, o Sol produz forças gravitacionais mais fortes que a Terra. A teoria antiga diz que a força de gravitação entre dois corpos é proporcional ao produto de suas massas. Consideremos agora a atração de diferentes corpos por um mesmo corpo, digamos o Sol. Nesse caso, diferentes corpos são atraídos por forças que são proporcionais às suas massas e que, portanto,

---

[12] Já observamos que, na nova teoria, a "força gravitacional" não deve mais ser vista como um dos conceitos da dinâmica, mas apenas como uma maneira conveniente de falar, que podemos continuar usando como usamos as expressões "nascer do sol" e "pôr do sol", desde que compreendamos a que estamos nos referindo. Muitas vezes seria necessário usar muitos circunlóquios para evitar o termo "força".

produzem exatamente a mesma aceleração em todos eles. Assim, se usamos a expressão "massa gravitacional" no sentido (1), isto é, referindo-nos ao modo como um corpo responde à gravitação, verificamos que "a igualdade entre massa inercial e gravitacional", que soa formidável, se reduz a isto: numa situação gravitacional dada, todos os corpos se comportam exatamente da mesma maneira. Em relação à superfície da Terra, esta foi uma das primeiras descobertas de Galileu. Aristóteles pensava que corpos pesados cairiam mais depressa que os leves; Galileu mostrou que, quando a resistência do ar é eliminada, isso não ocorre. Num vácuo, uma pluma cai tão rapidamente quanto um pedaço de chumbo. No que diz respeito aos planetas, foi Newton quem estabeleceu os fatos correspondentes. A uma dada distância do Sol, um cometa, que tem uma massa muito menor, sofre exatamente a mesma aceleração em relação ao Sol sofrida por um planeta a essa mesma distância. Assim, o modo como a gravitação afeta um corpo depende apenas de onde ele está, e em nenhum grau de sua natureza. Isso sugere que o efeito gravitacional é uma característica da localidade, e foi nisso que Einstein o transformou.

Quanto à força gravitacional no sentido (2), isto é, a intensidade da força produzida por um corpo, a nova teoria prevê que ela é igual à massa gravitacional no sentido (1). Foi feito pelo menos um experimento que confirma a previsão.

Temos uma outra indicação quanto ao que *deve* ser a lei da gravitação para que ela seja uma característica de uma vizinhança, como temos razão para supor que seja. Ela deve ser expressa em alguma lei que permaneça inalterada quando adotamos um tipo diferente de coordenadas. Vimos que, para começar, não devemos atribuir nenhum significado físico às nossas coordenadas: elas são apenas maneiras sistemáticas de nomear diferentes partes do espaço-tempo. Sendo convencionais, elas não podem fazer parte de leis físicas. Isso significa que, se expressamos uma lei corretamente em termos de um conjunto de coordenadas, ela deve ser expressa pela mesma fórmula em termos de outro conjunto de coordenadas. Ou, mais exatamente, deve ser possível encontrar uma fórmula que expresse a lei e que permaneça inalterada como quer que mudemos as coordenadas. É à teoria dos tensores que cabe lidar com essas fórmulas. Essa teoria mostra que há uma fórmula que parece mais apropriada que outras, ou seja, que tem maior possibilidade de ser a lei da gravitação. Quando essa fórmula é examinada, verifica-se que ela dá os resultados corretos; é aqui que entram as confirmações empíricas. Porém, mesmo que não se verificasse que a lei concorda com a experiência, não teríamos podido retornar à lei antiga. Teríamos sido compelidos pela lógica a procurar alguma outra lei que incorporasse a relatividade dos movimentos, das distâncias e dos tempos, e fosse expressa em termos de "tensores". É impossível explicar a teoria dos tensores sem recorrer à matemática; os que não são matemáticos devem se contentar em saber que esse é o método técnico pelo qual eliminamos o elemento convencional de nossas medições e leis, e assim chegamos a leis físicas independentes do ponto de vista do observador. O mais esplêndido exemplo de uso desse método é a lei da gravitação de Einstein.

Capítulo X

Massa, momento, energia e ação

A busca da precisão quantitativa é tão árdua quanto importante. As medições físicas são feitas com extraordinária exatidão; se fossem menos cuidadosas, essas minúsculas discrepâncias que constituem os dados experimentais para a teoria da relatividade nunca poderiam ser reveladas. Antes do surgimento da relatividade, a física matemática usava um conjunto de concepções consideradas tão precisas quanto medidas físicas, mas descobriu-se que eram logicamente falhas, e que essa deficiência se revelava na forma de desvios muito pequenos em relação a expectativas baseadas em cálculos. Neste capítulo, quero mostrar como as ideias fundamentais da física pré-relatividade foram afetadas e que modificações elas tiveram de sofrer.

Já tivemos oportunidade de falar sobre massa. Para propósitos da vida diária, massa e peso são quase a mesma coisa; as medidas comuns de peso — quilos, gramas etc. — são na realidade medidas de massa. Mas assim que começamos a fazer medições precisas, somos compelidos a distinguir entre massa e peso. Dois diferentes métodos de pesagem são comumente utilizados; um é o das balanças comuns,[13] e o outro é o da balança de mola. Quando você sai de viagem e sua bagagem é pesada, a balança usada é a de mola: o peso empurra uma mola para baixo um certo tanto, e o resultado é indicado por uma agulha num mostrador. O mesmo princípio é utilizado nas balanças automáticas que usamos para medir nosso peso. A balança de mola mostra peso, as outras mostram *massa*. Enquanto você permanece em uma parte do mundo, essa diferença não importa; mas se você testar duas máquinas de pesar de diferentes tipos em vários lugares diferentes, vai constatar, se elas forem precisas, que os resultados de uma e de outra nem sempre coincidem. Balanças que usam pesos dão o mesmo resultado em toda parte, mas uma balança de mola, não. Isso significa que, se você tiver uma barra de chumbo que pesa 4,5 kg numa balança

---

[13] Atualmente, as balanças de mola são bem mais comuns que as antigas, de pratos, e também que as balanças médicas, de peso móvel. (N.R.T.)

comum, que usa pesos, ela pesará também 4,5 kg em balanças do mesmo tipo em qualquer parte do mundo. Mas se sua barra de chumbo pesa 4,5 kg em uma balança de mola em Londres, pesará mais no polo Norte, menos no equador, menos quando o avião estiver a grande altura e menos no fundo de uma mina de carvão, se for medida em todos esses lugares por uma balança do mesmo tipo. O fato é que os dois instrumentos medem quantidades inteiramente diferentes. As balanças que usam pesos medem o que poderíamos chamar (deixando de lado refinamentos de que trataremos logo adiante) "quantidade de matéria". Há a mesma "quantidade de matéria" num quilo de plumas que num quilo de chumbo. "Pesos" padrão, que são na realidade "massas" padrão, medirão a quantidade de massa de qualquer substância posta no outro prato da balança. Mas "peso" é uma propriedade que se deve à gravitação da Terra: é a quantidade de força com que a Terra atrai um corpo. Essa força varia de um lugar para outro. Para começar, em qualquer lugar na superfície da Terra a atração varia inversamente ao quadrado da distância com relação ao centro da Terra; é, portanto, menor em grandes altitudes. Em segundo lugar, se você descer até o fundo de uma mina de carvão, parte da Terra estará sobre você, e atrairá matéria para cima, não para baixo, e assim a atração líquida para baixo será menor que na superfície da Terra. Em terceiro lugar, em razão da rotação da Terra, existe a chamada "força centrífuga", que atua contra a gravitação. No equador ela é maior, porque é ali que a rotação da Terra envolve o movimento mais rápido; nos polos ela não existe, porque eles estão no eixo de rotação. Por todas estas razões, a força com que um dado corpo é atraído pela Terra é mensuravelmente distinta em diferentes lugares. Essa é a força medida por uma balança de mola; é por isso que esse instrumento dá diferentes resultados em diferentes lugares. No caso das balanças tradicionais, os "pesos" padrão são alterados exatamente na mesma medida que o corpo a ser pesado, de modo que o resultado é o mesmo em toda parte; mas esse resultado é a "massa", não o "peso". Um "peso" padrão tem a mesma massa em toda parte, mas não o mesmo "peso"; ele é na verdade uma unidade de massa, não de peso. Para propósitos teóricos, a massa, que é praticamente invariável para um dado corpo, é muito mais importante que o peso, que varia segundo as circunstâncias. A massa pode ser vista, para começar, como "quantidade de matéria"; veremos que esta concepção não é estritamente correta, mas ela servirá como ponto de partida para refinamentos subsequentes.

Para fins teóricos, a massa é definida como determinada pela quantidade de força requerida para produzir uma dada aceleração: quanto mais massa tem um corpo, maior será a força requerida para alterar sua velocidade em determinada quantidade ao longo de determinado tempo. Para fazer um trem longo alcançar uma velocidade de 20 km/h ao cabo do primeiro meio minuto é preciso uma locomotiva mais poderosa que para fazer um trem curto alcançar a mesma velocidade no mesmo tempo. Pode também haver circunstâncias em que a força é a mesma para vários corpos diferentes; nesse caso, quando podemos medir as acelerações produzidas neles, podemos saber as razões de suas massas: quanto maior a massa, menor a aceleração. Podemos tomar, como ilustração desse método, um exemplo que tem importância para a relatividade. Corpos radioativos emitem elétrons com enormes velocidades. Podemos observar sua trajetória fazendo-os deslocarem-se através de vapor de água, formando uma nuvem ao passar. Ao mesmo tempo, podemos sujeitá-los a forças elétricas e magnéticas conhecidas, e observar o quanto eles são desviados para fora de uma linha reta por essas forças. Isso torna possível comparar suas massas. Observa-se que, quanto mais rapidamente eles se deslocam, maiores são as suas massas, tal como medidas pelo observador estacionário. Por outro lado, sabe-se que, a não ser pelo efeito de movimento, todos os elétrons têm a mesma massa.

Tudo isso era conhecido antes que a teoria da relatividade fosse inventada, mas mostrava que a concepção tradicional de massa não tinha toda a precisão que lhe havia sido atribuída. A massa era vista anteriormente como "quantidade de matéria" e era considerada inteiramente invariável. Descobriu-se então que era relativa ao observador, como o comprimento e o tempo, e alterada pelo movimento exatamente na mesma proporção. No entanto, isso podia ser remediado. Podíamos tomar a "massa própria", a massa tal como medida por um observador que partilha o movimento do corpo. Esta era facilmente inferida a partir da massa em movimento, tomando-se a mesma proporção como no caso de comprimentos e tempo.

Mas havia um fato mais curioso: após fazer essa correção, continuávamos não tendo uma quantidade que fosse exatamente a mesma em todos os momentos para o mesmo corpo. Quando um corpo absorve energia — por exemplo, aquecendo-se —, sua "massa própria" aumenta ligeiramente. Esse aumento é muito pequeno, pois é medido dividindo-se o aumento de energia pelo quadrado da velocidade da luz. Por outro lado, quando um corpo perde energia, perde também massa. O caso mais notável disso é que quatro átomos de hidrogênio se juntam para fazer um átomo de hélio, mas a massa de um átomo de hélio é menor que quatro vezes a massa de um átomo de hidrogênio. Esse fenômeno é da maior importância prática. Supõe-se que ocorre no interior de estrelas, fornecendo a energia que vemos como a sua luz e que, no caso do Sol, mantém a vida na Terra.[14] É possível também produzi-lo em laboratórios terrestres, causando uma enorme liberação de energia na forma de luz e calor. Isso torna possível a fabricação de bombas de hidrogênio, que são praticamente ilimitadas em tamanho e poder destrutivo. As bombas atômicas comuns, que operam pela desintegração do urânio, têm uma limitação natural: se uma quantidade excessiva de urânio for reunida em um lugar, pode explodir por si mesma, sem esperar que a detonem, o que impede a fabricação de bombas de urânio além de um certo tamanho. A bomba de hidrogênio, porém, pode conter tanto hidrogênio quanto queiramos, porque ele não é explosivo por si mesmo: só se combina para formar hélio e liberar energia quando é detonado por uma bomba de urânio convencional. Isso porque a combinação só pode ocorrer a uma temperatura muito elevada.

Há uma vantagem adicional nisso: as reservas de urânio no planeta são limitadas, e poderíamos temer que se esgotassem antes que a raça humana fosse exterminada, mas agora que a provisão praticamente ilimitada de hidrogênio pode ser utilizada, há consideráveis razões para se esperar que a raça conseguirá dar fim a si mesma, para grande benefício de animais menos ferozes que consigam sobreviver.

Mas é hora de retornar a tópicos menos alegres.

---

[14] Esta não é uma suposição, mas um conhecimento científico. (N.R.T.)

Temos, portanto, dois tipos de massa, nenhum dos quais corresponde inteiramente ao antigo ideal. A massa, tal como medida por um observador que está em movimento relativamente ao corpo em questão, é uma quantidade relativa sem nenhum significado como propriedade desse corpo. A "massa própria" é uma propriedade genuína do corpo, não dependente do observador, mas também não é estritamente constante. Como veremos logo adiante, a noção de massa passa a ser incorporada na noção de energia; representa, por assim dizer, a energia que o corpo consome internamente, em oposição àquela que ele exibe para o mundo externo.

A conservação da massa, a conservação do momento e a conservação da energia são os grandes princípios da mecânica clássica. Consideremos agora a conservação do momento.

O momento de um corpo numa dada direção é sua velocidade nessa direção multiplicada pela sua massa. Assim, um corpo pesado que se move lentamente pode ter o mesmo momento que um corpo leve que se move rapidamente. Quando certo número de corpos interagem de alguma maneira, por exemplo, em colisões, ou por gravitação mútua, enquanto nenhuma influência externa interferir, o momento total de todos eles em qualquer direção permanecerá inalterado. Esta lei continua verdadeira na teoria da relatividade. Para diferentes observadores, a massa será diferente, mas a velocidade será igualmente diferente; essas duas diferenças se neutralizam mutuamente, e verifica-se que o princípio ainda continua verdadeiro.

O momento de um corpo é diverso em diferentes direções. A maneira comum de medi-lo é tomar a velocidade numa dada direção (tal como medida pelo observador) e multiplicá-la pela massa (tal como medida pelo observador). Ora, a velocidade em dada direção é a distância viajada nessa direção por unidade de tempo. Suponha que, em vez disso, tomemos a distância viajada nessa direção enquanto o corpo se desloca por unidade de intervalo. (No dia a dia, trata-se apenas de uma mudança muito pequena, porque, para velocidades consideravelmente menores que a da luz, o intervalo é quase igual ao lapso de tempo.) E suponha que, em vez da massa tal como medida pelo observador, tomemos a massa própria. Essas duas mudanças aumentam a velocidade e diminuem a massa, ambas na mesma proporção. Assim, o momento permanece o mesmo, mas as quantidades que variam segundo o observador são substituídas por quantidades que são fixadas independentemente dele — com exceção da distância percorrida pelo corpo na direção dada.

Quando substituímos o tempo pelo espaço-tempo, verificamos que a massa medida (em contraposição à massa própria) é uma quantidade do mesmo tipo que o momento em dada direção; poderia ser chamada de momento na direção temporal. A massa medida é obtida multiplicando-se a massa invariante pelo *tempo* decorrido ao percorrer a unidade de intervalo; o momento é obtido multiplicando-se a mesma massa invariante pela *distância* atravessada (na direção dada) ao percorrer a unidade de intervalo. Do ponto de vista do espaço-tempo, eles são certamente da mesma natureza.

Embora dependa da maneira como o observador está se movendo em relação a ela, a massa medida de um corpo não deixa de ser uma quantidade muito importante. A conservação da massa medida é a mesma coisa que a conservação da energia. Isso pode parecer surpreendente, pois à primeira vista massa e energia são coisas muito diferentes. Mas verificou-se que energia é a mesma coisa que massa medida. Não é fácil explicar como isso ocorre, mas vamos tentar.

Na linguagem popular, "massa" e "energia" não significam de maneira alguma a mesma coisa. Associamos "massa" à ideia de uma pessoa gorda, de movimentos muito lentos, refestelada numa cadeira, ao passo que "energia" sugere uma pessoa magra e ativa, cheia de vigor. A linguagem popular associa "massa" a "inércia", mas tem uma ideia unilateral de inércia: ela inclui a lentidão para se pôr em movimento, mas não a lentidão para parar, que está igualmente envolvida. Todos esses termos têm, na física, significados técnicos apenas mais ou menos análogos aos significados que lhes são dados na linguagem popular. Por enquanto, o que nos interessa é o significado técnico de "energia".

Durante toda a segunda metade do século XIX, deu-se grande importância à "conservação da energia" ou à "persistência da força", como Herbert Spencer preferia chamá-la. Não era fácil formular esse princípio de maneira simples, por causa das diferentes formas de energia, mas o ponto essencial era que a energia nunca é criada ou destruída, embora possa ser transformada de um tipo em outro.

O princípio adquiriu seu prestígio graças à descoberta, feita por Joule, do "equivalente mecânico do calor", que mostrou que havia uma proporção constante entre o trabalho requerido para produzir determinada quantidade de calor e o trabalho requerido para levantar determinado peso ao longo de determinada altura: de fato, dependendo do mecanismo, a mesma quantidade de calor podia ser utilizada para ambos os fins. Quando se descobriu que o calor consiste no movimento de moléculas, viu-se que ele certamente devia ser análogo a outras formas de energia. De maneira geral, com a ajuda de certa quantidade de teoria, foi possível reduzir todas as formas de energia a duas, que foram chamadas respectivamente "cinética" e "potencial". Estas foram definidas da seguinte maneira:

A energia cinética de uma partícula é metade da sua massa multiplicada pelo quadrado da velocidade. A energia cinética de várias partículas é a soma das energias cinéticas de cada uma.

Definir a energia potencial é mais difícil. Ela representa todo estado de tensão que só pode ser preservado mediante aplicação de força. Para tornar o caso mais fácil: se um peso é erguido a uma altura e mantido suspenso, ele tem energia potencial, porque, se for solto, cairá. Sua energia potencial é igual à energia cinética que adquiriria ao cair a mesma distância em que foi erguido. De maneira semelhante, quando um cometa gira em torno do Sol numa órbita muito excêntrica, move-se mais rapidamente quando está perto do Sol do que quando está longe dele, de modo que sua energia cinética é muito maior quando está próximo do Sol. Por outro lado, sua energia potencial é maior quando está mais longe do Sol, porque ele é então como a pedra que foi erguida a certa altura.[15] A soma das energias cinética e potencial do cometa é constante, a menos que ele sofra colisões ou perca parte de seu material. Podemos determinar precisamente a *mudança* da energia potencial quando o cometa passa de uma posição para outra, mas a quantidade total dela é até certa medida arbitrária, pois podemos fixar

---

[15] Na verdade, quanto mais longe do Sol, menor a influência gravitacional; logo, menor a energia potencial. Se mudarmos o referencial — algo fácil de fazer —, pode-se considerar que o texto está correto. Mas essa questão é bem mais complicada. (N.R.T.)

o nível zero onde quisermos. Por exemplo, podemos considerar que a energia potencial de nossa pedra é a energia cinética que ela ganharia caindo na superfície da Terra, ou a que ganharia caindo num poço até o centro da Terra, ou qualquer distância menor estipulada. Não importa qual delas tomemos, desde que mantenhamos nossa decisão. Estamos tratando de uma conta de ganhos e perdas que não é afetada pela quantidade de haveres com que iniciamos.

Tanto a energia cinética quanto a potencial de um dado conjunto de corpos serão diferentes para diferentes observadores. Na dinâmica clássica, a energia cinética diferia de acordo com o estado de movimento do observador, mas somente por uma quantidade constante; a energia potencial não diferia em absoluto. Consequentemente, para cada observador, a energia total era constante — supondo-se sempre que os observadores envolvidos estavam se movendo em linhas retas com velocidades uniformes, ou, se não, que eram capazes de referir seus movimentos a corpos que assim estivessem se movendo. Na dinâmica da relatividade, porém, a questão fica mais complicada. As ideias newtonianas de energia cinética e potencial podem ser adaptadas, sem muita dificuldade, à teoria da relatividade especial. Não podemos, contudo, adaptar de maneira proveitosa a ideia de energia potencial à teoria da relatividade geral, nem podemos generalizar a ideia de energia cinética, exceto no caso de um único corpo. Portanto a conservação da energia, no sentido newtoniano usual, não pode ser mantida. Isso ocorre porque as ideias de energia cinética e potencial de um sistema de corpos se referem, inerentemente, a regiões extensas do espaço--tempo. A própria latitude ampla na escolha de coordenadas e o caráter montanhoso do espaço-tempo, que foram explicados no capítulo 8, se combinam de modo a tornar muito complicado introduzir ideias desse tipo na teoria geral. Há uma lei da conservação na teoria geral, mas ela não é tão útil quanto as leis da conservação na mecânica newtoniana e na teoria especial, porque depende da escolha de coordenadas de uma maneira difícil de compreender. Vimos que a independência na escolha de coordenadas é um princípio norteador na teoria da relatividade geral, e a lei da conservação é suspeita porque conflita com esse princípio. Se isso significa que a conservação tem uma importância menos fundamental do que se pensou até hoje, ou se ainda há uma lei da conservação satisfatória escondida nas complexidades matemáticas da teoria, essa é uma questão que ainda está por se resolver.[16] Nesse meio tempo, devemos nos contentar, na teoria geral, com a ideia de energia cinética apenas para uma única partícula. Isso nos será suficiente na discussão que se segue. Convém lembrar que essas dificuldades sobre a conservação da energia surgem somente na teoria geral, não na teoria especial. Sempre que a gravitação possa ser desconsiderada, e a teoria especial se torne aplicável, a conservação da energia pode ser mantida.

O termo "conservação" não tem na prática o mesmo significado que tem na teoria. Na teoria, dizemos que uma quantidade é conservada quando a quantidade dela no mundo é a mesma tanto em um momento como em qualquer outro. Mas como não podemos inspecionar o mundo todo, temos de nos referir a algo mais fácil de controlar. Na prática, queremos dizer com o termo que, tomando qualquer região dada, se a quantidade mudou, é porque parte dela transpôs a fronteira da região. Se não houvesse nascimentos nem mortes, a população do mundo se conservaria; nesse caso, a população de um país só poderia mudar por emigração ou imigração, isto é, pela saída ou entrada de pessoas pelas fronteiras. Poderíamos ser incapazes de fazer um censo preciso da China ou da África Central, e, portanto, incapazes de verificar a população total do mundo. Mas teríamos razões para supô--la constante se, em toda parte, em que estatísticas fossem possíveis, ela nunca mudasse a não ser pela passagem de pessoas pelas fronteiras. Na verdade, é claro, a população não se conserva. Certa vez um fisiologista que conheço pôs quatro camundongos num recipiente térmico. Horas depois, quando foi tirá-los de lá, encontrou 11. Mas a massa não está sujeita a essas flutuações: a massa dos 11 camundongos no fim daquele tempo não era maior que a massa dos quatro no início.

Isso nos traz de volta ao problema que nos levou a discutir a energia. Afirmamos que, na teoria da relatividade, massa medida e energia são consideradas a mesma coisa, e nos propusemos a explicar por quê. Chegou a hora de começar essa explicação. Mas, como no fim do

---

[16] E ainda não foi resolvida. (N.R.T.)

capítulo 6, o leitor totalmente cru em matemática faria melhor saltando o próximo parágrafo.

Tomemos a velocidade da luz como a unidade de velocidade — isso é sempre conveniente na teoria da relatividade. Consideremos que m é a massa própria de uma partícula, e v é sua velocidade relativa ao observador. Sua massa medida será portanto

$$\frac{m}{\sqrt{1-v^2}}$$

ao passo que sua energia cinética, segundo a fórmula usual, será

$$\frac{mv^2}{2}$$

Como dissemos antes, energia só ocorre numa conta de ganhos e perdas, de modo que podemos somar a ela qualquer quantidade que quisermos. Podemos, portanto, considerar que a energia é

$$m + \frac{mv^2}{2}$$

Ora, se v é uma pequena fração da velocidade da luz, $\frac{mv^2}{2}$ é quase exatamente igual[17] a

$$\frac{m}{\sqrt{1-v^2}}$$

Consequentemente, para velocidades como as dos corpos grandes, a energia e a massa medida revelam-se indistinguíveis dentro dos limites de precisão alcançáveis. De fato, é melhor alterar nossa definição de energia, e considerar que ela é

$$\frac{m}{\sqrt{1-v^2}}$$

---

[17] Esta afirmação não é trivial. Fez-se uma aproximação por série de Taylor. (N.R.T.)

porque esta é a quantidade para a qual é válida a lei análoga à da conservação. E quando a velocidade é muito grande, esta definição dá uma medida melhor da energia que a fórmula tradicional. A fórmula tradicional deve, portanto, ser considerada uma aproximação, da qual a nova fórmula dá a versão exata. Nesse sentido, energia e massa medida são identificadas.

Passo agora à noção de "ação", menos familiar ao público geral que a de energia, mas que se tornou mais importante na física da relatividade, bem como na teoria quântica. (O *quantum* é uma pequena quantidade de ação.) A palavra "ação" é usada para denotar energia multiplicada por tempo. Isto é, se um sistema tiver uma unidade de energia, exercerá uma unidade de ação em um segundo, cem unidades de ação em cem segundos, e assim por diante; um sistema que tenha cem unidades de energia exercerá cem unidades de ação em um segundo e dez mil em cem segundos, e assim por diante. "Ação" é, portanto, num sentido amplo, uma medida de quanto foi realizado: aumenta seja manifestando mais energia, seja trabalhando por um tempo mais longo. Como energia é a mesma coisa que massa medida, podemos também considerar que ação é massa medida multiplicada por tempo. Na mecânica clássica, a "densidade" de matéria em qualquer região é a massa dividida pelo volume; ou seja, quando conhecemos a densidade numa pequena região, podemos descobrir a quantidade total de matéria multiplicando a densidade pelo volume da pequena região. Na mecânica da relatividade, sempre queremos substituir o espaço por espaço-tempo; portanto, uma "região" não deve mais ser tomada como meramente um volume, mas como um volume que dura por um pequeno tempo. Disto se segue que, dada a densidade, uma pequena região no novo sentido contém não apenas uma pequena massa, mas uma pequena massa multiplicada por um pequeno tempo, isto é, uma pequena quantidade de "ação". Era, portanto, inevitável que a noção de "ação" se provasse de importância fundamental na mecânica da relatividade, como de fato aconteceu.

O postulado segundo o qual uma partícula em movimento livre segue uma geodésica pode ser substituído por uma suposição equivalente sobre a "ação" da partícula. Essa suposição é chamada "princípio de ação mínima". Ele declara que, ao passar de um estado para outro, um corpo escolhe, entre caminhos ligeiramente diferentes, aquele que envolva menos ação — novamente uma lei da preguiça cósmica! Princípios de ação mínima não se restringem a corpos únicos. É possível fazer uma suposição semelhante que leva a uma descrição do espaço-tempo em sua totalidade, com todos os seus morros e vales. Esses princípios, que desempenham um papel central tanto na teoria quântica quanto na relatividade, são a maneira mais abrangente de enunciar a parte puramente formal da mecânica.

Capítulo XI

O universo em expansão

Até agora tratamos de experimentos e observações que diziam respeito, em sua maioria, à Terra ou ao sistema solar. Só ocasionalmente tivemos de nos afastar a ponto de chegar às estrelas. Neste capítulo iremos muito mais longe: veremos o que a teoria da relatividade tem a dizer sobre o universo como um todo.

As observações astronômicas que discutiremos são consideradas, em geral, bem estabelecidas, mas estão sendo continuamente revistas à medida que a introdução de novas técnicas possibilita novas observações. Além disso, as explicações teóricas desses resultados têm um caráter bastante especulativo, e não se deve supor que estamos lidando com matérias teóricas com a mesma solidez das que abordamos até agora. Elas certamente precisam ser aperfeiçoadas. A ciência não pretende estabelecer verdades imutáveis e dogmas eternos: seu objetivo é buscar a verdade por aproximações sucessivas, sem proclamar, em qualquer estágio, que a precisão total foi atingida.

Algumas explicações preliminares sobre a aparência geral do universo são necessárias. Sabemos muito atualmente sobre a distribuição da matéria numa escala muito ampla. Nosso Sol é uma estrela num sistema de muitos milhões de estrelas chamado Via Láctea. A Via Láctea tem a forma de uma rodinha, aquela peça pirotécnica, de dimensões gigantescas, com braços espirais de estrelas brotando de um foco brilhante.

O Sol situa-se num dos braços espirais, provavelmente a cerca de 28 mil anos-luz do centro do núcleo da galáxia. É difícil estimar essa distância, como a maior parte das medidas na escala galáctica, e ela pode ser revista no futuro. (Na escala galáctica, as distâncias costumam ser medidas em anos-luz. Um ano-luz é a distância que a luz percorre em um ano: é possível calculá-lo multiplicando a velocidade da luz, que é dada na p. 32, pelo número de segundos em um ano, que é 31.536.000. Convertendo a resposta em quilômetros, chegamos a aproximadamente nove trilhões de quilômetros.)

A Via Láctea, uma faixa brilhante de estrelas que corta o céu e é facilmente visível numa noite clara, nada mais é que a visão lateral do restante da galáxia a partir de nossa posição no braço espiral.

Os contornos da galáxia não são de todo nítidos. O principal corpo de estrelas tem cerca de 120 mil anos-luz de lado a lado, mas, além de estrelas, a galáxia contém grande quantidade de gás, em sua maior parte hidrogênio, e poeira, bem como outro material que ainda não foi identificado. Acredita-se que esse material desconhecido forma uma nuvem esférica que se estende muito além da distribuição visível das estrelas. A nuvem não é observada diretamente; sua existência é inferida dos efeitos gravitacionais que ela exerce sobre as estrelas e outras formas observáveis de matéria. É possível que ela tenha até quinhentos ou seiscentos mil anos-luz de um lado a outro.

Toda a acumulação de estrelas, gás, poeira e material não identificado gira lentamente em torno do núcleo. É a partir do modo como a rotação se dá que se infere a presença de um material não identificado. A velocidade da rotação parece variar com a distância do centro do núcleo de uma maneira que não pode ser explicada sem esse material.

O Sol se move em relação ao núcleo com uma velocidade estimada de cerca de 220 km/s. Se as estimativas de velocidade e da distância que o separa do centro estiverem corretas, o Sol leva cerca de 240 milhões de anos para dar uma volta completa em torno do centro.

Avalia-se que a massa do material galáctico no interior da nuvem circundante é cerca de um trilhão de vezes a massa do Sol.

Sabe-se que a galáxia tem um séquito de satélites, dos quais os mais próximos e mais conhecidos são as Nuvens de Magalhães,[18] que se situam a cerca de duzentos mil anos-luz do centro.

A galáxia não está de maneira alguma sozinha no universo. É um entre muitos milhões de sistemas semelhantes espalhados por toda a região que nossos telescópios são capazes de explorar. Os outros sistemas também são chamados galáxias (ou às vezes nebulosas[19]). Algumas galáxias são achatadas e têm braços em espiral, como a nossa, outras são redondas como bolas de futebol ou ovais como bolas de futebol americano, outras, ainda, têm uma forma inteiramente irregular.

---

[18] Há uma galáxia mais próxima, embora menos famosa, a Anã de Sagitário. (N.R.T.)

[19] Na verdade, desde 1929 já não se chamam as galáxias de nebulosas. (N.R.T.)

As galáxias mostram uma tendência a se reunir em grupos. Esses grupos são chamados "aglomerados". Um único aglomerado pode conter centenas ou milhares de galáxias individuais, cada uma das quais pode conter, como a nossa, muitos bilhões de estrelas. Nossa galáxia pertence a um pequeno aglomerado chamado "grupo local". Ainda não se sabe ao certo quantos membros esse grupo possui, porque vários deles são muito tênues, mas pensa-se que eles não passam de vinte. A galáxia mais conhecida do grupo local,[20] e a espiral mais próxima, é a de Andrômeda, batizada com o nome da constelação em que aparece. Ela está a cerca de dois milhões de anos-luz de distância e é fracamente visível a olho nu. Calcula-se que o grupo local deva ter cerca de três milhões de anos-luz de uma ponta a outra.

Os aglomerados de galáxias, por sua vez, agrupam-se em entidades maiores chamadas superaglomerados. Um superaglomerado pode ter de trinta a mais de cem milhões de anos-luz de uma ponta a outra, e ter uma massa até dez mil vezes maior que a de toda a galáxia. Acredita-se atualmente que os superaglomerados são os maiores agregados identificáveis de material no universo.[21]

Embora se pense que aglomerados isolados mantêm-se coesos graças à atração gravitacional entre as galáxias que os compõem, ainda não está claro se isso também ocorre ou não nos superaglomerados. A existência destes últimos está bastante bem estabelecida pela observação, mas nada se sabe acerca de seu desenvolvimento.

Observações recentes sugerem que entre os superaglomerados há vazios — eles contêm pouco ou nenhum material visível e são provavelmente maiores que os próprios superaglomerados.

Apesar da agregação de estrelas em galáxias, das galáxias em aglomerados e dos aglomerados em superaglomerados, supõe-se em geral que, numa escala grande o bastante, o universo é aproximadamente uniforme, e que é possível que a parte dele que conseguimos observar com os instrumentos de que dispomos seja típica do universo como um todo.

---

[20] Além da nossa, é claro. (N.R.T.)
[21] Já há estruturas maiores, as muralhas, feitas de superaglomerados. (N.R.T.)

Essa ideia de que o universo é uniforme numa grande escala, que foi sugerida muito antes de haver dados astronômicos adequados que a sustentassem, goza hoje do status de um postulado fundamental. Esse é o usualmente chamado "princípio cosmológico". Na realidade, o princípio cosmológico é apenas uma extensão das ideias de Copérnico. Assim que abrimos mão da noção egocêntrica de que a Terra está no centro de todas as coisas, somos forçados a admitir que o Sol, que é uma estrela comum, não tem mais direito que a Terra de ocupar um lugar especial em nossa descrição do universo. Quando descobrimos que nossa galáxia e o aglomerado a que ela pertence também são espécimes típicos, devemos situá-los igualmente, por força da lógica, em igualdade de condições com outros objetos similares. Tampouco há qualquer razão empírica para supor que as leis da física variem sistematicamente entre um aglomerado de galáxias para o próximo.

As implicações disso podem ser formuladas de uma maneira ligeiramente diferente. Suponha que você fosse posto dentro de uma caixa sem janelas e transportado para uma parte distante do universo. Quando fosse libertado da caixa, você não veria, é claro, a distribuição particular de estrelas e galáxias visível a partir da Terra — os detalhes geográficos de seu novo ambiente seriam diferentes; mas, segundo o princípio cosmológico, a aparência geral do universo seria a mesma. Exceto por detalhes, você não seria capaz de saber em que parte do universo estaria.

Há apenas um fenômeno muito notável que poderia nos levar a supor que nosso aglomerado local de galáxias ocupa, afinal de contas, uma posição especial no universo. Trata-se do chamado "desvio para o vermelho" nos espectros de galáxias distantes. Como veremos agora, é por causa desse fenômeno que se diz que o universo está se expandindo.

Estamos tratando aqui de um efeito que foi explicado no capítulo 9,[22] embora naquela altura não estivéssemos diretamente interessados nele. Você deve se lembrar da analogia com o som que introduzimos ali: se um trem estiver se movendo na sua direção, seu apito soará mais agudo do que se ele estiver parado, e se estiver se afastando, o apito soará mais grave. No caso da luz, os efeitos são muito semelhantes. Se a fonte

---

[22] Nas p. 94-5.

de luz estiver se movendo na sua direção, todo o espectro da luz sofre um desvio para o violeta; se ela estiver se afastando, todo o espectro é desviado para o vermelho. Esses desvios do espectro correspondem às mudanças de tom do apito do trem. O valor do desvio depende da taxa de mudança da distância entre você e a fonte de luz. (Isso nada tem a ver com a velocidade da luz propriamente dita, que, como vimos, é independente do movimento de sua fonte.) Esse desvio do espectro fornece uma maneira de determinar as velocidades em que estrelas e galáxias estão se movendo: podemos comparar os espectros da luz que elas emitem com espectros semelhantes produzidos em laboratórios na Terra. As velocidades das galáxias no grupo local, medidas dessa maneira, alcançam até cerca de 480 km/s. Esta é uma grande velocidade para padrões cotidianos, mas, dadas as grandes distâncias que separam as galáxias, milhões de anos teriam de transcorrer antes que suas posições sofressem qualquer mudança perceptível.

Algumas galáxias do grupo local estão se movendo em direção a nós, outras estão se afastando de nós. Não há nada de muito notável nesse movimento, que poderia ser comparado ao de abelhas num enxame. As abelhas se movem umas em relação às outras, mas o enxame como um todo se mantém coeso. Quando passamos a examinar outros aglomerados que não o nosso, porém, a situação muda completamente de figura. Mais uma vez, há movimentos internos em cada enxame, mas todos os outros aglomerados parecem estar se *afastando* do nosso, e quanto mais distantes estão, mais rapidamente parecem estar se movendo. É este fenômeno extraordinário que sugere que o universo está em expansão.

Como todos os outros aglomerados parecem estar se afastando do nosso, poderíamos ser levados a pensar que o grupo local está, de alguma maneira, no centro do universo em expansão. Isso seria um erro, porque não leva em conta o caráter relativo do movimento que foi repetidamente assinalado neste livro. Consideremos novamente a analogia com enxames de abelhas. Suponhamos que são enxames muito bem treinados, que pairam sobre o solo a 10 m de distância uns dos outros numa linha que vai de oeste para leste. Depois suponhamos que um dos enxames permanece em repouso em relação ao solo, enquanto o enxame a 10 m dele na direção leste se move para leste a 1 m/min, o enxame a 20 m dele a leste faz o mesmo a 2 m/min, e assim por diante, enquanto os enxames a oeste do enxame fixo se movem para oeste com velocidades semelhantes. Assim, uma abelha em qualquer dos enxames, fixo ou móvel, teria a impressão de que todos os outros enxames estão se afastando do seu a velocidades proporcionais às distâncias em que estão dele. Se o solo não estivesse disponível como padrão de repouso, não haveria nenhuma razão para se pensar que algum dos enxames fora singularizado de maneira especial.

O comportamento dos aglomerados de galáxias é inteiramente similar. Eles estão, é claro, distribuídos irregularmente em todas as direções, em vez de estarem alinhados como nossos enxames bem treinados, mas, como no caso dos enxames, parece a um observador em qualquer aglomerado que todos os demais estão se afastando. Como não há nenhum padrão absoluto de repouso no universo, a aparência de expansão é a mesma para todos os aglomerados.

O aglomerado mais distante investigado até agora tem um desvio para o vermelho correspondente a uma velocidade de recessão de cerca de metade da velocidade da luz. (Velocidades de recessão correspondentes a desvios para o vermelho tão grandes quanto esta precisam ser calculadas com base nas fórmulas da transformação de Lorentz, dadas no capítulo 6.)

Os maiores desvios para o vermelho astronômicos descobertos até hoje não são de aglomerados distantes, mas os dos chamados "objetos quase estelares" (quasars), cujo desvio para o vermelho corresponde a velocidades de recessão de mais de $9/10$ da velocidade da luz. No entanto, como a natureza desses objetos ainda não foi compreendida, eles não podem ser propriamente levados em conta quando se usam os dados astronômicos para construir um modelo teórico.

Examinemos agora como essa informação sobre o universo pode ser combinada com a teoria da relatividade geral. Vimos que os efeitos gravitacionais do Sol podem ser descritos como os de um morro no espaço-tempo. Uma galáxia, um aglomerado ou um superaglomerado podem ser representados da mesma maneira, mas seriam morros muito mais altos, porque sua massa é muito maior. Se tentássemos incorporar nessa descrição detalhes sobre a distribuição das estrelas em cada galáxia, e das galáxias em cada aglomerado, teríamos um morro muito complicado, com muitos picos e vales. Depois poderíamos tentar descrever todo o universo de maneira que pudesse ser representado por um espaço-tempo com morros que seriam os aglomerados nele dispersos. Essa descrição seria matematicamente muito complexa, porque incluiria vários detalhes "geográficos" não essenciais a uma descrição da aparência global do universo. Para simplificá-la, começamos construindo modelos que preservam as características que parecem ser essenciais e desprezam os detalhes geográficos. As características que preservamos são a uniformidade em grande escala e a expansão. Os detalhes deixados de lado são as posições precisas, os tamanhos e a composição das galáxias individuais, dos aglomerados e superaglomerados.

Dessa maneira construímos modelos do espaço-tempo para representar o universo supondo que ele é exatamente — e não apenas aproximadamente — uniforme. Nesses modelos simplificados, imaginamos que a matéria foi aplanada e ficou uniformemente distribuída, em vez de amontoar-se em agregados separados por grandes espaços.

Assim como podemos descrever a acumulação de matéria em agregados dizendo que há um grande morro no espaço-tempo onde vemos o agregado, ou dizendo que o espaço-tempo é curvo nas proximidades do agregado, assim também podemos descrever a distribuição da matéria num modelo homogeneizado do universo dizendo que o espaço-tempo é curvado de maneira uniforme. O efeito do aplanamento da matéria que compõe os diferentes aglomerados é aplanar a curvatura correspondente de modo a produzir uma ligeira curvatura global. Essa curvatura global do universo é até certo ponto análoga à curvatura de uma esfera no espaço comum, mas não convém levar mais adiante a analogia da curvatura com morros no espaço-tempo porque isso pode facilmente se tornar enganoso.

A lei relativística da gravitação, combinada com a suposição do aplanamento — isto é, a suposição da exata uniformidade —, permite-nos construir uma variedade de modelos do universo em que a curvatura global assume uma variedade de formas diferentes. O principal efeito dessa curvatura global é implicar, em alguns dos modelos, que os espectros de objetos distantes serão desviados para o vermelho. Se esse desvio para o vermelho deve ser atribuído a um movimento recessivo, ou à curvatura do espaço-tempo, essa é em grande parte simples questão de gosto. O efeito se manifestará sob uma forma ou outra, dependendo do sistema de coordenadas que usarmos para descrever o universo. O que a relatividade prevê não depende, é claro, da escolha do sistema de coordenadas.

Os modelos de universo que estivemos considerando concordam mais ou menos bem com observações das propriedades globais de nosso próprio universo. Há outros modelos, igualmente compatíveis com a nova lei e com a suposição de uniformidade, nos quais, em vez de um desvio para o vermelho, há um desvio para o azul, correspondente a uma contração do universo. A existência de tais modelos não é razão para rejeitar a nova teoria. Ela implica que a teoria não está completa — é necessária alguma suposição adicional que exclua os modelos indesejados. Várias suposições foram sugeridas, mas ainda não se encontrou uma inteiramente satisfatória.

Examinemos agora um pouco mais as consequências da expansão, sempre lembrando que o que dizemos pode sempre ser igualmente expresso, se necessário, em termos da curvatura do espaço-tempo. A consequência mais óbvia é que se o universo está, por assim dizer, se dispersando — se os aglomerados de galáxias estão se distanciando cada vez mais uns dos outros, no passado eles devem ter estado muito mais próximos entre si do que agora. Suponha que filmássemos o universo em expansão durante um período de muitos milhões de anos, registrando assim toda a história da expansão. Se esse filme fosse exibido de trás para diante, mostraria a história do universo ao contrário. Em vez de estarem se afastando uns dos outros, todos os aglomerados de galáxias pareceriam estar se movendo uns em direção aos outros. À medida que o filme corresse para trás, eles se aproximariam cada vez mais, até que, presumivelmente, ficariam tão juntos que não haveria mais lacunas entre eles. Se o filme recuasse ainda mais, podemos supor que até os espaços entre as estrelas se fechariam, e todo o espaço disponível seria preenchido com o gás quente altamente condensado a partir do qual as estrelas poderiam ter evoluído.

Observações astronômicas recentes[23] de ondas curtas de rádio confirmam a existência desse estado altamente condensado. Ao que parece,

---

[23] "Recentes" aqui se refere à década de 1960. (N.R.T.)

certa proporção da energia de rádio que chega a receptores na Terra não pode ser atribuída à emissão por estrelas ou pelo gás interestelar, mas é razoavelmente compatível com o que se poderia esperar que fosse visível atualmente da radiação presente no universo num estágio inicial, quando toda a matéria estava num estado altamente condensado.

Não podemos dar crédito demais, no entanto, às previsões de modelos teóricos sobre esse estado condensado. O que sabemos sobre as propriedades quânticas da matéria sugere que, num momento suficientemente precoce, essas propriedades devem ter tido efeitos importantes. Não há nenhuma concordância geral sobre exatamente quando isso teria ocorrido, e de todo modo a teoria da relatividade por si só é incapaz de descrever esses efeitos. Um grande esforço está sendo aplicado atualmente ao desenvolvimento da teoria da relatividade e da teoria quântica com o objetivo de fornecer uma descrição satisfatória, mas ainda não está claro se qualquer desses desenvolvimentos terá alguma importância duradoura.

Tudo é bastante especulativo; é muito provável que o universo tenha se desenvolvido a partir de um estado altamente condensado, e é ainda mais provável que esse estado altamente condensado represente o tempo mais remoto sobre o qual teremos algum dia qualquer informação científica. Não se discute hoje se tal estado realmente ocorreu. Lamentavelmente, algumas pessoas tendem a se referir ao estado altamente condensado como "o início do universo" ou "o momento em que o universo foi criado", ou coisas desse gênero. Essas expressões não significam nada além de "o tempo mais remoto sobre o qual haverá algum dia alguma informação científica", e é melhor evitá-las, porque têm implicações metafísicas indesejáveis.

No atual estado de coisas, alguns modelos de universo derivados da teoria da relatividade, que preveem a expansão a partir de um estado altamente condensado, são facilmente conciliáveis com os dados astronômicos. Todos eles têm defeitos, entre os quais o mais óbvio é fornecerem apenas uma imagem homogeneizada do universo, que não explica o tamanho ou a composição das galáxias e dos aglomerados.

A construção de um modelo inteiramente satisfatório depende da solução de algumas sérias dificuldades matemáticas; qual dos modelos disponíveis deve ser preferido em qualquer momento particular, isso depende dos dados astronômicos.

Capítulo XII

Convenções e leis naturais

Em toda controvérsia, uma das questões mais difíceis é distinguir divergências acerca de palavras e divergências acerca de fatos: não deveria ser assim, mas na prática é. A dificuldade acontece tanto na física quanto em qualquer outra matéria. No século XVII houve um debate renhido sobre o que é "força"; para nós agora, é óbvio que se estava discutindo como a palavra "força" devia ser definida, mas na época pensava-se que havia muito mais aspectos envolvidos. Um dos propósitos do método dos tensores, empregado na matemática da relatividade, é eliminar das leis físicas o puramente verbal (num sentido amplo).

É óbvio que o que depende da escolha de coordenadas é "verbal" no sentido envolvido. Uma pessoa que impulsiona um barco com uma vara anda ao longo dele, mas mantém uma posição constante em relação ao leito do rio enquanto não levanta a vara. Os liliputianos teriam podido debater interminavelmente se essa pessoa está andando ou parada; o debate diria respeito a palavras, não a fatos. Se escolhermos coordenadas fixas em relação ao barco, o barqueiro está móvel; se escolhermos coordenadas fixas relativas ao rio, o barqueiro está parado. Queremos expressar leis físicas de maneira a deixar óbvio que estamos expressando a mesma lei em referência a dois diferentes sistemas de coordenadas, para não sermos induzidos ao erro de pensar que temos leis diferentes quando de fato temos apenas uma lei expressa em palavras diferentes. Isso pode ser feito pelo método dos tensores. Algumas leis que parecem plausíveis numa linguagem não podem ser traduzidas para outra — não podem ser leis da natureza. As leis que podem ser traduzidas para qualquer linguagem baseada num sistema de coordenadas têm certas características: considerar essas características é de grande ajuda quando procuramos tantas leis da natureza quantas a teoria da relatividade possa considerar possíveis. Entre as leis possíveis, escolhemos a mais simples capaz de prever corretamente o movimento real dos corpos: a lógica e a experiência se combinam em proporções iguais para a obtenção dessa expressão.

Mas o problema de chegar a leis genuínas da natureza não pode ser resolvido unicamente pelo método dos tensores; também requer uma boa medida de pensamento cuidadoso. Em parte isso já foi feito, mas ainda resta muito a fazer.

Para tomar uma ilustração simples: suponha, como na hipótese da contração de Lorentz, que comprimentos numa direção são mais curtos que em outra. Suponhamos que uma régua apontando para o norte tenha só a metade do comprimento que a mesma régua quando apontada para leste, e que isso se aplique igualmente a todos os outros corpos. Teria essa hipótese algum sentido? Se você tiver uma vara de pescar de 4,5 m quando aponta para oeste, e em seguida você a vira para o norte, ela continuará medindo 4,5 m por sua régua, porque esta terá encolhido também. Tampouco ela "parecerá" mais curta, porque sua visão terá sido afetada da mesma maneira. Você não será capaz de constatar a mudança por nenhuma medida usual — deverá lançar mão de algum método como o experimento Michelson-Morley, em que os comprimentos são medidos por meio da velocidade da luz. Depois, terá de decidir se é mais simples supor uma mudança de comprimento ou uma mudança na velocidade da luz. O fato experimental seria que a luz leva mais tempo para percorrer o que sua régua declara ser determinada distância numa direção que em outra — ou, como no experimento Michelson-Morley, que deveria levar mais tempo, mas não o faz. Você pode ajustar suas medidas a um fato como esse de várias maneiras, mas, seja qual for a que escolher, haverá um elemento de convenção. Esse elemento de convenção sobrevive nas leis a que você chega após ter tomado sua decisão com relação a medidas, e muitas vezes isso assume formas sutis e elusivas. Eliminar o elemento de convenção é, de fato, extraordinariamente difícil; quanto mais se estuda o assunto, mais difícil se revela.

Um exemplo de grande relevância é a questão do tamanho do elétron. Constatamos experimentalmente que todos os elétrons são do mesmo tamanho. Até que ponto este é um fato genuíno verificado pelo experimento e até que ponto resulta de nossas convenções de medição? Temos aqui duas comparações diferentes a fazer: (1) em relação a um elétron em momentos diferentes; (2) em relação a dois elétrons no mesmo momento. Depois, combinando (1) e (2), podemos chegar à comparação de dois elétrons. Podemos descartar qualquer hipótese que afetasse igualmente todos os elétrons; seria inútil, por exemplo, supor que em uma região do espaço-tempo eles são todos maiores que em outra. Uma mudança como essa afetaria nossos instrumentos de medida tanto quanto as coisas medidas, e portanto não produziria nenhum fenômeno verificável. Isso equivale a dizer que não haveria absolutamente nenhuma mudança. Mas o fato de dois elétrons terem a mesma massa, por exemplo, não pode ser considerado puramente convencional. Com minuciosidade e precisão suficientes, poderíamos comparar os efeitos de dois elétrons diferentes sobre um terceiro; se eles fossem iguais sob circunstâncias iguais, poderíamos inferir sua igualdade em um sentido não puramente convencional.

Eddington descreveu o processo envolvido nos níveis mais avançados da teoria da relatividade como "construção do mundo". A estrutura a ser construída é o mundo físico tal como o conhecemos; o arquiteto econômico tenta construí-la com a menor quantidade possível de material. Esse é um problema para lógicos e matemáticos. Quanto maior for nossa habilidade técnica nessas duas disciplinas, mais real será o edifício que ergueremos, e menos nos contentaremos com meros montes de pedras. Mas antes de podermos usar as pedras que a natureza fornece em nossa construção, temos de cortá-las nas formas corretas — tudo isso é parte do processo de construção. Para que isso seja possível, as matérias-primas precisam ter *alguma* estrutura (que podemos conceber como análoga ao veio na madeira), mas praticamente qualquer estrutura servirá. Por meio de refinamentos matemáticos sucessivos, reduzimos gradualmente nossas exigências iniciais, até que restem muito poucas. Dado esse mínimo necessário de estrutura na matéria-prima, descobrimos que é possível construir a partir dela uma expressão matemática que terá as propriedades necessárias para descrever o mundo que percebemos — em particular, as propriedades de conservação que são características do momento e da energia (ou massa). Nossa matéria-prima consiste apenas em eventos; mas quando descobrimos que podemos construir com ela algo que, quando medido, parecerá nunca ter sido criado nem poder ser destruído, não surpreende que passemos a acreditar em "corpos". Na realidade, esses "corpos" não passam de construções matemáticas feitas com eventos, mas, em razão de sua permanência, eles têm importância prática, e nossos sentidos (que foram presumivelmente desenvolvidos por necessidades biológicas) são adaptados para percebê-los, e não para perceber o contínuo cru de eventos que é teoricamente mais fundamental. Desse ponto de vista, é assombroso quão pouco do mundo real é revelado pela ciência física: nosso conhecimento é limitado, não só pelo elemento convencional como também pela seletividade de nosso aparelho perceptivo.

As limitações de conhecimento introduzidas pela seletividade de nosso aparelho perceptivo podem ser ilustradas pela indestrutibilidade da energia. Esta foi gradualmente descoberta por experimentos e parecia ser uma lei bem fundada da natureza. Ora, ocorre que, a partir de nosso contínuo original de espaço-tempo, podemos construir uma expressão matemática cujas propriedades a farão parecer indestrutível. A afirmação de que a energia é indestrutível cessa, portanto, de ser uma proposição da física para se tornar uma proposição da linguística e da psicologia. Como proposição da linguística: "energia" é o nome da expressão matemática em questão. Como proposição da psicologia: nossos sentidos são tais que percebemos o que é aproximadamente a expressão matemática em questão, e somos levados a nos aproximar cada vez mais dela à medida que refinamos nossas percepções rudimentares por meio da observação científica. Isso é muito menos que os físicos costumavam pensar que sabiam sobre energia.

O leitor poderá perguntar: mas então o que sobrou da física? Que sabemos realmente sobre o mundo da matéria? Aqui podemos distinguir três departamentos da física. Primeiro há o que está incluído na teoria da relatividade, tão amplamente generalizada quanto possível. Em seguida há leis que não podem ser trazidas para a esfera da relatividade. Em terceiro lugar há o que pode ser chamado de geografia. Consideremos cada departamento por vez.

A teoria da relatividade, convenção à parte, nos diz que os eventos no universo têm uma ordem quadridimensional e que, entre dois eventos quaisquer que estejam próximos um do outro nessa ordem, há uma relação chamada "intervalo", que é passível de ser medida se as devidas precauções forem tomadas. Ela nos diz também que "movimentos absolutos", "espaço absoluto" e "tempo absoluto" não podem ter nenhum significado físico; leis da física que envolvam esses conceitos não são aceitáveis. Isto não é em si mesmo uma lei física, mas uma regra útil para nos permitir rejeitar algumas leis físicas propostas como insatisfatórias.

Além disso, há poucas coisas na teoria da relatividade que podem ser consideradas leis físicas. Há muita matemática, mostrando que certas quantidades matematicamente construídas devem se comportar como as coisas que percebemos; e há a sugestão de uma ponte entre a psicologia e a física na teoria segundo a qual essas quantidades matematicamente construídas são aquilo que nossos sentidos estão adaptados para perceber. Mas nenhuma dessas coisas é física no sentido estrito.

A parte da física que não pode, no momento, ser levada para a esfera da relatividade é grande e importante. Não há nada na relatividade para mostrar por que deveria haver elétrons e prótons; a relatividade não pode dar nenhuma razão para o fato de a matéria existir em pequenos blocos. Essa é a área da teoria quântica, que explica muitas propriedades da matéria em pequena escala. A teoria quântica foi compatibilizada com a teoria da relatividade especial, mas todas as tentativas feitas até agora de efetuar uma síntese da teoria quântica com a relatividade geral fracassaram. Graves dificuldades parecem impedir que se leve essa parte da física para o quadro da relatividade geral. Atualmente há dificuldades igualmente graves na própria teoria quântica, e muitos físicos pensam que sua síntese com a relatividade geral poderia resolver algumas delas. A atual situação, como vimos, é que a relatividade geral explica bastante satisfatoriamente as propriedades da matéria numa escala muito ampla, enquanto a teoria quântica explica bastante satisfatoriamente as propriedades da matéria numa escala muito pequena. Há algum terreno comum entre as duas teorias, mas o trabalho que já foi feito para unificá-las ainda deve ser considerado especulativo. Alguns pensam que a relatividade geral deveria ser ampliada de modo a explicar todos os resultados que a teoria quântica explica, mas de uma maneira mais satisfatória do que esta o faz atualmente. No final de sua vida, Einstein foi uma das pessoas que pensou assim. Atualmente, contudo, a maior parte dos físicos julga que essa ideia é errônea.

A relatividade geral é o exemplo mais extremo do que podemos chamar de métodos contínuos. A gravitação não precisa mais ser vista como um efeito exercido pelo Sol sobre um planeta, podendo ser pensada como expressão das características da região em que o planeta por acaso se encontra. Supõe-se que essas características se alteram aos pouquinhos, de maneira gradual, contínua, e não por saltos repentinos, à medida que nos movemos de uma parte do espaço-tempo para outra. Os efeitos do eletromagnetismo podem ser vistos de maneira semelhante, mas, assim que o eletromagnetismo é posto de acordo com a teoria quântica, seu caráter muda por completo. O aspecto contínuo desaparece, é substituído pelo comportamento descontínuo que, como já vimos, é típico da teoria quântica. No entanto, se tentamos aplicar essas ideias da teoria quântica à gravitação, constatamos que elas não se ajustam devidamente, e que uma alteração considerável em uma teoria ou na outra, se não em ambas, é necessária. Que modificação é preciso fazer, ainda não se sabe.[24]

A dificuldade pode ser explicada de uma maneira um pouco diferente. Quando um astrônomo observa o Sol, este mantém uma solene indiferença à observação. Mas quando um físico tenta descobrir o que está acontecendo num átomo, a aparelhagem usada é muito maior, e não muito menor, que a coisa observada, e provavelmente terá algum efeito sobre ela. Descobriu-se que o tipo de aparelhagem mais adequado para determinar a posição de um átomo afeta inevitavelmente sua velocidade, e o tipo de aparelhagem mais adequado para determinar a velocidade afeta fatalmente sua posição. Isso não causa nenhuma dificuldade quando a teoria quântica dos átomos é compatibilizada com a teoria da relatividade especial, porque então a gravitação é desconsiderada e supõe-se que o espaço-tempo é plano, haja átomos movendo-se nele ou não. Mas quando tentamos harmonizar a teoria quântica com a teoria geral da relatividade, a gravitação não pode mais ser ignorada, de modo que a curvatura do espaço-tempo dependerá do paradeiro dos átomos. No entanto, como acabamos de ver, a teoria quântica deixa claro que não podemos sempre saber onde eles estão. Essa é uma raiz da dificuldade.

Por fim chegamos à geografia, na qual incluo a história. A distinção entre história e geografia repousa na distinção entre tempo e espaço: quando reunimos os dois no espaço-tempo, precisamos de uma palavra

---

[24] E ainda hoje não se sabe. (N.R.T.)

para descrever a combinação de geografia e história. No interesse da simplicidade, usarei a palavra geografia nesse sentido ampliado.

A geografia, nesse sentido, inclui tudo que, de maneira puramente factual, distingue uma parte do espaço-tempo de outra. Uma parte é ocupada pelo Sol, uma pela Terra, as regiões intermediárias contêm ondas de luz, mas nenhuma matéria (a não ser um pouquinho aqui e ali). Há certo grau de conexão teórica entre diferentes fatos geográficos; o propósito das leis físicas é estabelecer qual esse grau.

Já estamos em condições de calcular os grandes fatos relativos ao sistema solar para trás e para diante por vastos períodos de tempo. Em todos os cálculos, porém, precisamos de uma base de fato bruto. Os fatos são interconectados, mas só é possível inferir fatos de outros fatos, não de leis gerais apenas. Assim, os fatos da geografia têm certo status independente na física. Nenhuma quantidade de leis físicas nos permitirá inferir um fato físico a menos que conheçamos outros fatos e os usemos como dados para nossa inferência. E aqui, quando falo em "fatos", tenho em mente fatos geográficos particulares, no sentido amplo em que estou usando o termo geografia.

Na teoria da relatividade, estamos interessados em *estrutura*, não no material de que a estrutura é composta. Em geografia, por outro lado, o material é relevante. Para que haja alguma diferença entre um lugar e outro, deve haver diferenças entre o material em um lugar e em outro, ou lugares onde há material e lugares onde não há. A primeira dessas alternativas parece mais satisfatória. Poderíamos tentar dizer: há elétrons, prótons e as outras partículas subatômicas, e o resto da região é vazio. Mas nas regiões vazias há ondas de luz, portanto não podemos dizer que nada há nelas. Segundo a teoria quântica, não podemos nem mesmo dizer exatamente onde as coisas estão — a única coisa que podemos dizer é que é mais provável encontrar um elétron em um lugar que em outro. Algumas pessoas sustentam que ondas de luz, e também partículas, não passam de perturbações no éter, outras se contentam em dizer que são apenas perturbações; em qualquer desses casos, porém, eventos estão ocorrendo onde quer que haja probabilidade de haver ondas de luz ou partículas. Essa é a única coisa que podemos dizer em relação aos lugares onde é provável que haja energia de uma forma ou de outra, já que sabemos que a energia é uma construção matemática feita com eventos. Podemos dizer, portanto, que há eventos em toda parte no espaço-tempo, mas eles devem ser de um tipo um pouco diferente, dependendo se estamos tratando de uma região onde é muito provável que haja um elétron ou um próton ou da espécie de região que usualmente chamaríamos de vazia. Com relação à natureza intrínseca desses eventos, porém, nada podemos saber, exceto que, por acaso, eles são eventos em nossas próprias vidas. Nossas percepções e sentimentos devem ser parte do material em estado bruto de eventos que a física organiza em um padrão — ou melhor, que a física descobre estarem organizados em um padrão. No tocante aos eventos que não fazem parte de nossas próprias vidas, a física nos revela que padrão eles têm, mas é completamente incapaz de nos dizer como eles são em si mesmos. Não parece possível, também, que se venha a descobrir isso por qualquer outro método.

Capítulo XIII
A abolição da "força"

No sistema newtoniano, corpos que não estejam sob a ação de nenhuma força se movem em linhas retas com velocidade uniforme; sempre que deixam de se mover dessa maneira, a mudança em seu movimento é atribuída a uma "força". Algumas forças parecem inteligíveis à nossa imaginação: aquelas exercidas por uma corda ou barbante, por corpos em colisão, ou por qualquer tipo óbvio de empurrão ou puxão. Como foi explicado em capítulo anterior, nossa aparente compreensão desses processos é bastante falaciosa; na verdade ela significa apenas que a experiência passada nos permite prever mais ou menos o que vai acontecer sem necessidade de cálculos matemáticos. Mas as "forças" envolvidas na gravitação e na forma menos bem conhecida da ação elétrica não parecem muito "naturais" à nossa imaginação nesse mesmo sentido. Parece estranho que a Terra possa flutuar no vazio; o natural, para nós, seria que caísse. É por isso que ela precisava ser sustentada por um elefante, e o elefante por uma tartaruga, segundo alguns especuladores de tempos remotos. Além da ação a distância, a teoria newtoniana introduziu duas outras novidades imaginosas. A primeira foi que a gravitação não é sempre e essencialmente dirigida, como tenderíamos a dizer, "para baixo", isto é, rumo ao centro da Terra. A segunda foi que um corpo que se mantenha girando em círculo com velocidade uniforme não está "se movendo uniformemente" no sentido em que esta expressão é aplicada ao movimento de corpos que não estão sob a ação de nenhuma força, e sim sendo perpetuamente desviado do curso reto em direção ao centro do círculo, o que exige que uma força o esteja empurrando nessa direção. A partir disso Newton chegou à conclusão de que os planetas são atraídos para o Sol por uma força, que chamou de gravitação.

Toda essa concepção, como vimos, é suplantada pela relatividade. Coisas como "linhas retas", no antigo sentido geométrico, deixam de existir. Existem "as linhas mais retas", ou as geodésicas, mas estas envolvem tanto o espaço quanto o tempo. Um raio de luz que atravesse o sistema solar não descreve a mesma órbita que um cometa de um ponto de vista geométrico, no entanto os dois se movem numa geodésica. O quadro que imaginamos sofre uma mudança completa. Um poeta poderia dizer que a água corre colina abaixo porque é atraída pelo mar, mas um físico ou um mortal comum diria que ela se move, em cada ponto, por causa da natureza do terreno naquele ponto, independentemente do que possa se situar à sua frente. Assim como o mar não causa o movimento da água em sua direção, também o Sol não causa o movimento dos planetas em direção a ele. Os planetas se movem em torno do Sol porque essa é a coisa mais fácil a ser feita — no sentido técnico da "mínima ação". Essa é a coisa mais fácil a fazer por causa da natureza da região em que se encontram, e não por causa de uma influência que emane do Sol.

A suposta necessidade de atribuir a gravitação a uma "força" que atrairia os planetas rumo ao Sol surgiu da determinação de preservar a geometria euclidiana a todo custo. Se supusermos que nosso espaço é euclidiano, quando de fato ele não é, somos obrigados a convocar a física para retificar os erros de nossa geometria. Encontraremos corpos que não se movem no que insistimos em considerar como linhas retas, e precisaremos de uma causa para esse comportamento. Eddington expressou esse problema com admirável clareza, e a explicação que se segue é baseada em uma justificativa dada por ele.

Suponha que você adote a fórmula para intervalo que é usada na teoria da relatividade especial — uma fórmula que implica que seu espaço é euclidiano. Como intervalos podem ser comparados por métodos experimentais, você não demora a descobrir que sua fórmula é incompatível com os resultados da observação, e compreende seu erro. Se, apesar disso, você insistir em conservar a fórmula euclidiana, terá que atribuir a discrepância entre fórmula e observações a alguma influência que estaria presente e afetaria o comportamento dos corpos experimentais. Você introduzirá uma ação adicional a que possa atribuir as consequências de seu erro. O nome dado a qualquer ação que provoca desvio em relação ao movimento uniforme numa linha reta é *força*, segundo a definição newtoniana de força. Portanto a ação invocada em sua insistência na fórmula euclidiana para intervalo é descrita como um "campo de força".

Se as pessoas aprendessem a conceber o mundo da nova maneira, sem a velha noção de "força", isso não alteraria apenas sua imagem física do mundo, provavelmente elas sofreriam mudanças também de caráter moral e político. Este último efeito seria inteiramente ilógico, mas nem por isso menos provável. Na teoria newtoniana do sistema solar, o Sol parece um monarca a cujas ordens os planetas têm de obedecer. No mundo einsteiniano, há mais individualismo e menos governo que no de Newton. Há também muito menos atropelo: vimos que a preguiça é a lei fundamental do universo de Einstein. A palavra "dinâmico" passou a significar, na linguagem dos jornais, "vigoroso e eficaz", mas, para "ilustrar os princípios da dinâmica", deveria ser aplicada a pessoas que costumam se sentar embaixo de árvores aguardando que a fruta lhes caia na boca. Espero que, no futuro, os jornalistas passem a falar de "personalidade dinâmica" para se referir a uma pessoa que faz o que dá menos trabalho no momento, sem pensar em consequências remotas. Se eu puder contribuir para isso, não terei escrito em vão.

A abolição da "força" parece estar associada com a substituição do tato pela visão como fonte de ideias físicas, como foi explicado no capítulo 1. Quando uma imagem no espelho se move, não penso que alguma coisa a empurrou. Em lugares em que há dois grandes espelhos um em frente ao outro, podemos ver inúmeros reflexos do mesmo objeto. Se uma pessoa de chapéu na cabeça estiver parada entre os espelhos, poderá haver vinte ou trinta chapéus nos reflexos. Suponha agora que uma outra pessoa se aproxima e arranca fora o chapéu da primeira com uma vara: todos os outros vinte ou trinta chapéus cairão no mesmo instante. Pensamos que há necessidade de uma força para derrubar o chapéu "real", mas os outros vinte ou trinta nos parecerão cair, por assim dizer, por si mesmos, ou em resultado de uma simples paixão pela imitação. Tentemos refletir um pouco mais seriamente sobre esse assunto.

Obviamente alguma coisa acontece quando uma imagem num espelho se move. Do ponto de vista da visão, o evento parece tão real quanto pareceria se não tivesse ocorrido num espelho. Nada acontece, porém, do ponto de vista do tato ou da audição. Quando o chapéu "real" cai, produz um ruído; os vinte ou trinta reflexos caem sem produzir som. Se o chapéu cai no seu pé, você o sente, mas acreditamos que as vinte ou trinta pessoas nos espelhos não sentem nada, embora chapéus caiam nos seus pés também. Tudo isso é igualmente verdadeiro em relação ao mundo astronômico. Ele não faz nenhum barulho, porque o som não se desloca através do vácuo. Assim, até onde sei, ele não causa nenhuma "sensação", porque não há ninguém lá para "senti-lo" O mundo astronômico, portanto, não parece muito mais "real" ou "sólido" que o mundo no espelho, e tem tão pouca necessidade quanto este de uma "força" para fazê-lo se mover.

O leitor pode ter a impressão de que estou sofismando à toa. "Afinal", pode pensar, "a imagem no espelho é o reflexo de algo sólido, e o chapéu só cai no espelho por causa da força aplicada ao chapéu real. O chapéu no espelho não pode agir a seu bel-prazer; tem de copiar o real. Isto mostra como a imagem especular é diferente do Sol e dos planetas, porque *eles* não são obrigados a estar perpetuamente imitando um protótipo. Seria melhor, portanto, que você desistisse de fazer de conta que uma imagem é tão real quanto um dos corpos celestes."

Há, é claro, alguma verdade nesta contestação; o importante é descobrir exatamente *que* verdade. Para começar, imagens não são "imaginárias". Quando você vê uma imagem, certas ondas de luz absolutamente reais atingem seu olhos; e se você pendurar um pano sobre o espelho, essas ondas deixarão de existir. Há, contudo, uma diferença puramente óptica entre uma "imagem" e uma coisa "real". A diferença óptica está inseparavelmente ligada a essa questão da imitação. Quando você pendura um pano sobre o espelho, isso não faz diferença alguma para o objeto "real"; mas quando você remove o objeto da frente do espelho, a imagem desaparece também. Isto nos faz dizer que os raios de luz que compõem a imagem só estão refletidos na superfície do espelho; não vêm realmente de um ponto situado atrás dele, e sim do objeto "real". Temos aqui um exemplo de um princípio geral de grande importância. Em sua maior parte, os eventos que se produzem no mundo não são ocorrências isoladas, mas membros de grupos de eventos mais ou menos semelhantes, que são tais que cada grupo está ligado de uma maneira designável a certa pequena região do espaço-tempo. Esse é o caso dos raios de luz que nos fazem ver tanto o objeto quanto seu reflexo no espelho: todos eles emanam do objeto como um centro. Se você puser um globo opaco em torno do objeto a certa distância dele, o objeto e seu reflexo serão invisíveis em qualquer ponto fora do globo. Vimos que a gravitação, embora não mais encarada como uma ação a distância, ainda está conectada com um centro: há, por assim dizer, um morro simetricamente arranjado em torno de seu pico, e o pico é o lugar onde julgamos que está o corpo, gerado no campo gravitacional considerado. Para simplificar as coisas, o senso comum mistura todos os eventos que formam um grupo no sentido acima. Quando duas pessoas veem o mesmo objeto, dois eventos diferentes ocorrem, mas ambos pertencem a um só grupo e estão conectados com o mesmo centro. Exatamente o mesmo pode ser dito quando duas pessoas ouvem (como costumamos dizer) o mesmo barulho. E assim o reflexo num espelho é menos "real" que o objeto refletido, mesmo de um ponto de vista óptico, porque os raios de luz não se espalham em *todas* as direções a partir do lugar em que a imagem parece estar, mas somente nas direções em frente ao espelho, e apenas enquanto o objeto refletido permanece no mesmo lugar. Isso ilustra a utilidade de agrupar eventos associados em torno de um centro, da maneira como estivemos considerando.

Quando examinamos as mudanças que ocorrem num grupo de objetos como este, constatamos que elas são de dois tipos: há as que afetam apenas algum membro do grupo e as que fazem alterações relacionadas em todos os membros do grupo. Se você puser uma vela diante de um espelho e depois cobri-lo com um pano, vai alterar somente o reflexo da vela tal como visto de vários lugares. Se fechar os olhos, vai alterar a aparência dele para você, mas não em outros lugares. Se puser um globo vermelho em volta da vela à distância de 30 cm, vai alterar sua aparência a qualquer distância maior que 30 cm, mas não a qualquer distância menor que 30 cm. Em todos esses casos, você não julga que a vela em si mesma mudou; de fato, em todos eles, você pensa que há grupos de mudanças associadas a um centro diferente ou com vários centros diferentes. Quando você fecha os olhos, por exemplo, seus olhos, e não a vela, parecem diferentes a qualquer outro observador: o centro das mudanças que ocorrem está nos seus olhos. Mas quando você apaga a vela, a aparência dela muda *em todos os lugares*; neste caso você diz que a mudança aconteceu com a vela. As mudanças que acontecem com um objeto são aquelas que afetam todo o grupo de eventos que têm por centro o objeto. Tudo isso é apenas uma interpretação de senso comum e uma tentativa de explicar o que queremos dizer ao declarar que a imagem da vela no espelho é menos "real" que a vela. Nenhum grupo relacionado de eventos cerca por todos os lados o lugar em que a imagem parece estar, e as mudanças que ocorrem na imagem têm por centro a vela, e não um ponto atrás do espelho. Isso confere um significado perfeitamente verificável à declaração de que a imagem é "somente" um reflexo. Ao mesmo tempo, permite-nos conceber os corpos celestes, embora só possamos vê-los, e não tocá-los, como mais "reais" que uma imagem num espelho.

Agora podemos começar a interpretar a noção de senso comum de que um corpo tem um "efeito" sobre outro, o que é imprescindível se quisermos realmente compreender o que significa a abolição da "força". Suponha que você entre num quarto escuro e acenda a luz: a aparência de todas as coisas no quarto muda. Como tudo que está no quarto torna-se visível porque reflete a luz elétrica, este caso é realmente análogo ao da imagem no espelho; a luz elétrica é o centro do qual todas as mudanças emanam. Neste caso, o "efeito" é explicado pelo que já dissemos. O caso mais importante ocorre quando o efeito é um movimento. Suponha que você solte um tigre no meio de uma multidão reunida num parque num feriado: todas as pessoas se moveriam, e o tigre estaria no centro dos vários movimentos. Alguém que fosse capaz de ver essas pessoas, mas não o tigre, inferiria a presença de alguma coisa repulsiva naquele ponto. Dizemos que nesse caso o tigre tem um efeito sobre as pessoas, e poderíamos descrever a ação do tigre sobre elas como da natureza de uma força repulsiva. Sabemos, no entanto, que as pessoas fogem por causa de uma coisa que acontece com elas, não meramente porque o tigre está onde está. Fogem porque podem vê-lo e ouvi-lo, isto é, porque certas ondas atingem seus olhos e ouvidos. Se fosse possível fazer essas ondas atingirem-nas sem que houvesse nenhum tigre ali, elas fugiriam com a mesma rapidez, porque a vizinhança lhes pareceria igualmente desagradável.

Apliquemos agora considerações semelhantes à gravitação do Sol. A "força" exercida pelo Sol só difere da exercida pelo tigre pelo fato de ser atrativa em vez de repulsiva.[25] Em lugar de agir por meio de ondas

---

[25] Este é um péssimo exemplo. (N.R.T.)

de luz ou de som, o Sol adquire seu poder aparente pelo fato de que se verificam modificações de espaço-tempo em toda a sua volta. Como o barulho do tigre, elas são mais intensas perto da sua fonte; à medida que nos afastamos, vão diminuindo. Dizer que o Sol "causa" essas modificações de espaço-tempo não acrescenta nada a nosso conhecimento. O que sabemos é que as modificações se dão segundo uma certa regra e que estão simetricamente agrupadas em torno do Sol. A linguagem de causa e efeito só acrescenta algumas imagens totalmente irrelevantes associadas à vontade, tensão muscular e coisas do gênero. O que podemos mais ou menos verificar é apenas a fórmula segundo a qual o espaço-tempo é modificado pela presença de matéria gravitante. Mais corretamente, podemos verificar que tipo de espaço-tempo *é* a presença de matéria gravitante. Quando o espaço-tempo não é precisamente euclidiano numa certa região, tendo um caráter não euclidiano que se acentua cada vez mais à medida que nos aproximamos de um certo centro, e quando, além disso, o afastamento de Euclides obedece a certa lei, descrevemos esse estado de coisas brevemente dizendo que há matéria gravitante no centro. Mas isso é apenas uma descrição sucinta do que sabemos. O que sabemos diz respeito aos lugares em que a matéria gravitante *não* está, não ao lugar em que está. A linguagem de causa e efeito (da qual "força" é um caso particular) nada mais é, portanto, que uma abreviatura conveniente para certos propósitos; nada representa que possa genuinamente ser encontrado no mundo físico.

E quanto à matéria? Será também ela apenas uma abreviatura conveniente? Esta pergunta pede uma longa resposta, e, portanto, um capítulo à parte.

Capítulo XIV
O que é matéria?

A pergunta "O que é matéria?" é o tipo das formuladas pelos metafísicos, e eles respondem-nas em livros enormes de incrível obscuridade. Mas não estou fazendo a pergunta como um metafísico: faço-a como uma pessoa que quer saber qual é a moral da física moderna, e mais especificamente da teoria da relatividade. Pelo que aprendemos dessa teoria, é óbvio que a matéria não pode ser concebida exatamente como antes. Penso que agora podemos dizer mais ou menos qual deve ser a nova concepção.

Havia duas concepções tradicionais de matéria, e ambas tiveram seus defensores desde os primórdios da especulação científica. Havia os atomistas, que pensavam que a matéria consistia de corpúsculos que nunca podiam ser divididos; supunha-se que eles colidiam e em seguida se afastavam aos saltos, de várias maneiras. A partir de Newton, não se supôs mais que os átomos entravam de fato em contato uns com os outros, mas que se atraíam e repeliam mutuamente, e se moviam em órbitas uns em torno dos outros. Por outro lado, havia os que pensavam que há algum tipo de matéria em toda parte, e que um verdadeiro vácuo é impossível. Descartes sustentou essa ideia e atribuiu os movimentos dos planetas a vórtices no éter. A teoria newtoniana da gravitação levou ao descrédito a concepção de que há matéria em toda parte, tanto mais que, para Newton e seus sucessores, a luz se devia a partículas reais que se deslocavam a partir da fonte da luz. Mas quando essa concepção de luz foi refutada, e se demonstrou que ela consistia em ondas, a ideia de éter foi revivida, para que houvesse alguma coisa a ondular. O éter tornou-se ainda mais respeitável quando se descobriu que ele desempenhava um papel nos fenômenos eletromagnéticos, como a propagação da luz. Esperava-se até que os átomos se provassem ser, na verdade, um modo de movimento do éter. Nesse estágio, a concepção atômica da matéria estava, em geral, levando a pior.

Deixando a relatividade de lado por um momento, a física moderna forneceu a prova da estrutura atômica da matéria comum, embora não tenha refutado o argumento em favor do éter, a que não é atribuída nenhuma estrutura desse tipo. O resultado foi uma espécie de solução de compromisso entre as duas concepções, uma das quais se aplica à chamada "matéria maciça", e a outra ao éter. Não pode haver dúvida quanto a elétrons e prótons, embora, como veremos adiante, não haja necessidade de concebê-los tal como os átomos o eram tradicionalmente. A verdade, a meu ver, é que a relatividade exige o abandono da velha concepção de "matéria", que está contaminada com a metafísica associada a "substância" e representa um ponto de vista não realmente necessário no tratamento dos fenômenos. É isso que devemos investigar agora.

Na antiga concepção, um pedaço de matéria era algo que, além de perdurar no tempo, nunca estava em mais de um lugar em um determinado momento. Essa maneira de ver as coisas está obviamente associada com a completa separação entre espaço e tempo na qual se acreditava antigamente. Quando substituímos espaço e tempo por espaço-tempo, certamente esperamos derivar o mundo físico de constituintes tão limitados no tempo quanto no espaço. Esses constituintes são o que chamamos de "eventos". Um evento não persiste nem se move como o pedaço de matéria tradicional; simplesmente existe durante seu pequeno momento e depois cessa. Um pedaço de matéria será, portanto, decomposto numa série de eventos. Assim como, na antiga visão, um corpo extenso era composto por certo número de partículas, agora cada partícula, sendo extensa no tempo, deve ser vista como composta do que podemos chamar de "partículas-eventos". A série inteira desses eventos constitui a história inteira da partícula, e a partícula passa a ser vista como *sendo* sua própria história, não como uma entidade metafísica a que os eventos acontecem. Esta visão é imposta pelo fato de que a relatividade nos compele a situar tempo e espaço mais em pé de igualdade do que estavam na física anterior.

Essa exigência abstrata deve ser posta em relação aos fatos conhecidos do mundo físico. Mas quais são os fatos conhecidos? Admitamos que a luz consiste em ondas que se deslocam com a velocidade recebida. Sabemos, portanto, bastante sobre o que se passa nas partes do espaço-tempo em que não há nenhuma matéria; isto é, sabemos que há ocorrências periódicas (ondas de luz) que obedecem a certas leis. Essas ondas de luz se iniciam em átomos, e a teoria moderna da estrutura do átomo nos permite saber muita coisa sobre as circunstâncias em que elas se iniciam e as razões que determinam seus comprimentos de onda. Podemos verificar não só de que modo uma onda de luz se desloca, mas de que modo sua fonte se move em relação a nós mesmos. Quando digo isto, porém, estou supondo que podemos reconhecer uma fonte de luz como a mesma em dois momentos ligeiramente diferentes. Essa é, no entanto, a própria coisa que tinha de ser investigada.

Vimos no capítulo anterior de que maneira pode ser formado um grupo de eventos associados, todos relacionados entre si por uma lei, todos dispostos em torno de um centro no espaço-tempo. Um grupo de eventos assim será a chegada, a vários lugares, das ondas de luz emitidas por um breve flash de luz. Não precisamos supor que algo de particular esteja acontecendo no centro; muito menos saber o *que* está acontecendo lá. O que sabemos é que, no que diz respeito à geometria, o grupo de eventos em questão está disposto em torno de um centro, tal como ondulações cada vez mais amplas em um poço depois que uma mosca roçou a água. Podemos hipoteticamente inventar uma ocorrência que teria acontecido no centro e enunciar leis segundo as quais a perturbação consequente é transmitida. Essa ocorrência hipotética parecerá então, ao senso comum, ser a "causa" da perturbação. Pode também ser vista como um evento na biografia da partícula de matéria que supostamente ocupa o centro da perturbação.

Verificamos, porém, não só que uma onda de luz se desloca a partir de um centro segundo uma certa lei, mas também que, em geral, ela é seguida por outras ondas de luz muito semelhantes. A aparência do Sol, por exemplo, não muda de repente, nem mesmo quando uma nuvem passa por ele durante um vendaval — a transição é gradual, mesmo que seja rápida. Desse modo, um grupo de ocorrências associadas a um centro em um ponto do espaço-tempo é posto em relação com outros grupos muito semelhantes, cujos centros estão em pontos vizinhos do espaço-tempo. O senso comum inventa ocorrências hipotéticas semelhantes para ocupar o centro de cada um desses grupos, e diz que todas essas ocorrências hipotéticas são parte de uma história, isto é, ele inventa uma "partícula" hipotética à qual teriam acontecido as ocorrências hipotéticas. Somente por esse duplo uso de hipóteses, completamente desnecessário em ambos os casos, chegamos a algo que pode ser chamado de "matéria" no antigo sentido da palavra.

Para evitar hipóteses desnecessárias, devemos dizer que o átomo, em um dado momento, *são* as várias perturbações no meio circundante que, em linguagem comum, dizem ter sido "causadas" por ele. Mas não devemos considerar essas perturbações no que é, para nós, o momento em questão, pois isso as faria depender do observador; o que devemos fazer, em vez disso, é nos deslocar a partir do átomo com a velocidade da luz e considerar a perturbação que encontramos em cada lugar no momento que a alcançamos. O conjunto muito semelhante de perturbações, emanadas quase do mesmo centro, cuja existência constatamos ligeiramente antes ou ligeiramente depois, será definido como *sendo* o átomo num momento ligeiramente anterior ou ligeiramente posterior. Desse modo, preservamos todas as leis da física, sem recorrer a hipóteses desnecessárias ou a entidades inferidas, e permanecemos em harmonia com o princípio geral de economia que permitiu à teoria da relatividade remover tantos trastes inúteis.

O senso comum imagina que quando ele vê uma mesa, vê uma mesa. Isso é um grande engano. Quando uma pessoa de senso comum vê uma mesa, certas ondas de luz atingem seus olhos, e estas são de uma espécie que, na experiência anterior dessa pessoa, foram associadas a certas sensações de tato, bem como ao testemunho de outros que também viam a mesa. Nada disso, porém, jamais trouxe até nós a mesa em si. As ondas de luz causaram ocorrências em nossos olhos, e estas causaram ocorrências no nervo óptico, que, por sua vez, causaram ocorrências no cérebro. Qualquer dessas ocorrências, acontecendo sem os preliminares usuais, nos teria levado a ter as sensações que chamamos de "ver a mesa", mesmo que não houvesse mesa alguma. (É claro que, se a matéria em geral deve ser interpretada como um grupo de ocorrências, isto deve se aplicar também aos olhos, ao nervo óptico e ao cérebro.) Quanto à sensação tátil que temos ao tocar a mesa com os dedos, ela é uma perturbação elétrica nos elétrons e prótons das pontas de nossos dedos, produzida, segundo a física moderna, pela proximidade dos elétrons e prótons na mesa. Se a mesma perturbação nas pontas de nossos dedos surgisse de qualquer outra maneira, teríamos as sensações, mesmo que não houvesse mesa alguma. O testemunho de outros é obviamente secundário. Quando se pergunta a uma testemunha num tribunal se ela viu uma ocorrência, ela não pode responder que acredita que sim em razão do testemunho de outras pessoas. Em todos os casos, o testemunho consiste de ondas sonoras e exige interpretação tanto psicológica quanto física; sua relação com o objeto é, portanto, muito indireta. Por todas essas razões, quando dizemos que uma pessoa "vê uma mesa", estamos usando uma forma de expressão extremamente abreviada, ocultando inferências complexas e difíceis, cuja validade pode perfeitamente ser posta em questão.

Mas estamos correndo o risco de nos enredar em problemas psicológicos que, na medida do possível, devemos evitar. Retomemos, portanto, ao ponto de vista puramente físico.

O que desejo sugerir pode ser expresso como se segue. Tudo que ocorre em algum outro lugar em decorrência da existência de um átomo pode ser explorado experimentalmente, pelo menos em teoria, a menos que ocorra de certas maneiras ocultas. Um átomo é conhecido por seus "efeitos". Mas a palavra "efeito" pertence a uma concepção de causalidade que não se adapta à física moderna e, em particular, não se adapta à relatividade. A única coisa que temos o direito de dizer é que certos grupos de ocorrências acontecem juntos, isto é, em partes vizinhas do espaço-tempo. Para um dado observador, um membro do grupo parecerá manifestar-se antes do outro, mas outro observador pode julgar a ordem temporal de maneira diferente. E mesmo quando a ordem temporal é a mesma para todos os observadores, a única coisa que realmente temos é uma relação entre dois eventos, a qual funciona igualmente para trás ou para diante. Não é verdade que o passado determina o futuro a não ser na mesma medida em que o futuro determina o passado: a diferença aparente resulta apenas de nossa ignorância, porque sabemos menos sobre o futuro que sobre o passado. Isso é um mero acidente: poderia haver seres que se lembrariam do futuro e teriam de inferir o passado. As opiniões de tais seres nessas questões seriam o exato oposto das nossas, mas não mais falaciosas.

Parece bastante claro que todos os fatos e leis da física podem ser interpretados sem que precisemos supor que a "matéria" é algo mais que grupos de eventos, cada qual da espécie que tenderíamos a ver como "causado" pela matéria em questão. Isso não envolve nenhuma mudança nos símbolos ou fórmulas da física: trata-se apenas de uma questão de interpretação dos símbolos.

Essa latitude na interpretação é uma característica da física matemática. O que sabemos são certas relações lógicas muito abstratas, que expressamos em fórmulas matemáticas; sabemos também que, em certos pontos, chegamos a resultados que podem ser testados experimentalmente. Tome, por exemplo, as observações astronômicas que confirmaram as previsões da teoria da relatividade sobre o comportamento da luz.

As fórmulas que foram verificadas diziam respeito ao curso da luz no espaço interplanetário. Embora a parte dessas fórmulas que dá o resultado observado deva ser interpretada sempre da mesma maneira, outra parte delas admite grande variedade de interpretações. As fórmulas que dão os movimentos dos planetas são quase exatamente as mesmas tanto na teoria de Einstein quanto na de Newton, mas o significado delas é inteiramente diferente. Pode-se dizer em geral que, no tratamento matemático da natureza, podemos ter muito mais certeza quanto à correção aproximada de nossas fórmulas que quanto à correção desta ou daquela interpretação que delas se faça. É o que se dá no caso de que trata este capítulo; a questão relativa à natureza de um elétron ou próton não fica de maneira alguma respondida quando sabemos tudo que a física matemática tem a dizer com relação às leis de seu movimento e às leis de sua interação com o ambiente. Uma resposta precisa e conclusiva para nossa questão não é possível, simplesmente porque há uma variedade de respostas compatíveis com a verdade da física matemática. Isso não impede que algumas respostas sejam preferíveis a outras, por terem uma probabilidade maior em seu favor. Procuramos, neste capítulo, definir matéria de maneira tal que *deva* haver tal coisa, se as fórmulas da física forem verdadeiras. Se tivéssemos formulado uma definição tal que assegurasse que uma partícula de matéria deveria ser o que concebemos como um grupo substancial, duro, definido, não poderíamos ter *certeza* de que tal coisa existe. É por isso que nossa definição, embora possa parecer complicada, é preferível do ponto de vista da economia lógica e da prudência científica.

Capítulo XV
Consequências filosóficas

As consequências filosóficas da relatividade não são tão grandes nem tão assombrosas quanto por vezes se pensa. A relatividade lança muito pouca luz sobre controvérsias tradicionais, como a que opõe o realismo ao idealismo. Alguns pensam que ela corrobora a ideia de Kant de que espaço e tempo são "subjetivos" e "formas de intuição". A meu ver, essas pessoas foram enganadas pelo modo como se costuma falar do "observador" quando se escreve sobre relatividade. É natural supor que o observador é um ser humano, ou pelo menos uma mente; mas é igualmente provável que seja uma chapa fotográfica ou um relógio. Em outras palavras, os resultados estranhos que expressam a diferença entre um ponto de vista e outro dizem respeito a "ponto de vista" num sentido aplicável tanto a pessoas capazes de perceber quanto a instrumentos físicos. A "subjetividade" envolvida na teoria da relatividade é uma subjetividade física que existiria igualmente se coisas como mentes ou sensações não existissem no mundo.

Trata-se, ademais, de uma subjetividade estritamente limitada. A teoria não diz que *tudo* é relativo; ao contrário, fornece uma técnica para se distinguir entre o que é relativo e o que pertence a uma ocorrência física por si mesma. Se quisermos dizer que a teoria apoia Kant com relação a espaço e tempo, teremos de dizer que ela o refuta no tocante ao espaço-tempo. A meu ver, nenhuma dessas afirmações é correta. Não vejo razão alguma para que, nessas matérias, os filósofos não continuem todos fiéis às ideias que sustentavam previamente. Não houve qualquer argumento conclusivo em nenhum dos lados antes, e também não há agora; sustentar uma ideia ou outra seria uma atitude dogmática, não científica.

Apesar disso, quando as ideias envolvidas na teoria da relatividade se tornarem familiares, como se tornarão quando forem ensinadas nas escolas, nossos hábitos de pensamento sofrerão provavelmente algumas mudanças que, com o tempo, terão grande importância.

Uma coisa a emergir é que a física nos diz muito menos sobre o mundo físico do que se supunha. Quase todos os "grandes princípios" da física tradicional revelaram-se ser como a "grande lei" segundo a qual 1 m tem sempre 100 cm; outras mostraram-se redondamente erradas. A conservação da massa pode servir para ilustrar esses dois infortúnios a que uma "lei" está sujeita. Anteriormente, definia-se massa como "quantidade de matéria", e, a julgar pelo que a experimentação revelava, ela nunca aumentava nem diminuía. Mas com a maior precisão das medições modernas, descobriu-se que coisas curiosas acontecem. Em primeiro lugar, verificou-se que a massa tal como é medida aumenta com a velocidade; descobriu-se também que esse tipo de massa é na realidade a mesma coisa que energia. Esse tipo de massa não é constante para um dado corpo. A lei em si mesma, contudo, deve ser vista como um truísmo, da mesma natureza da "lei" segundo a qual 1 m tem 100 cm; ela resulta de nossos métodos de medição, e não expressa uma propriedade genuína da matéria. O outro tipo de massa, que podemos chamar de "massa própria", é aquela que parece ser a massa para um observador que se move com o corpo. Esse é o caso terrestre comum em que o corpo que estamos medindo não se encontra voando pelo ar. A "massa própria" de um corpo é quase constante, mas não inteiramente. Tendemos a supor que, se tivermos quatro pesos de 1 kg e pusermos todos juntos numa balança, eles pesarão 4 kg. É uma doce ilusão: pesarão muito menos, embora não suficientemente menos para que a diferença seja detectável mesmo pelas medições mais cuidadosas.[26] No caso de nossos átomos de hidrogênio, contudo, quando eles são reunidos para fazer um átomo de hélio, a diferença para menos é perceptível — o átomo de hélio pesa, de maneira mensurável, menos que a soma de quatro átomos de hidrogênio separados.

De maneira geral, a física tradicional desmoronou em duas partes: truísmos e geografia.

O mundo que a teoria da relatividade apresenta à nossa imaginação é menos um mundo de "coisas" em "movimento" que um mundo de *eventos*. É verdade que ainda há partículas que parecem persistir, mas estas (como vimos no capítulo anterior) devem ser realmente concebidas como linhas de eventos conectados, como as notas sucessivas de uma canção. É de eventos que a física da relatividade é feita. Entre dois

---

[26] Esse raciocínio não é verdadeiro. (N.R.T.)

eventos não demasiado distantes um do outro há, tanto na teoria geral quanto na teoria especial, uma relação mensurável chamada "intervalo". Esta parece ser a realidade física da qual um lapso de tempo e distância no espaço são duas representações mais ou menos confusas. Entre dois eventos distantes, não há qualquer intervalo definido. Mas há uma maneira de passar de um evento a outro que torna a soma de todos os pequenos intervalos ao longo do caminho maior[27] que qualquer outro. Esse percurso chama-se uma "geodésica", e é ele que um corpo escolherá se puder agir livremente.

Toda a física da relatividade é uma matéria muito mais passo a passo que a física e a geometria de tempos anteriores. Linhas retas euclidianas devem ser substituídas por raios de luz, que não correspondem ao padrão euclidiano de retidão quando passam perto do Sol ou de qualquer outro corpo muito pesado. Em regiões muito pequenas de espaço vazio, ainda se considera que a soma dos ângulos de um triângulo são dois ângulos retos, mas não em qualquer região extensa. Não podemos encontrar lugar algum em que a geometria euclidiana seja exatamente verdadeira. Proposições que se costumavam provar por raciocínio tornaram-se agora convenções, ou verdades apenas aproximativas verificadas por observação.

Curiosamente — e a relatividade não é a única ilustração deste fato —, à medida que o raciocínio se aperfeiçoa, sua pretensão de poder provar fatos vai-se reduzindo. Costumava-se pensar que a lógica nos ensina a fazer inferências; agora consideramos que, de fato, ela nos

---

[27] A geodésica é o menor caminho entre dois pontos (espaciais); é também o maior intervalo entre dois eventos (pontos espaço-temporais). O "intervalo", como define Russell, é a distância espaço-temporal entre dois eventos. Em um espaço-tempo sem curvatura, é dado por: $\Delta S^2 = \Delta X^2 + \Delta Y^2 + \Delta Z^2 - c^2 \Delta T^2$, em que $\Delta X^2 + \Delta Y^2 + \Delta Z^2$ é a distância espacial, c^2 é a velocidade da luz e ΔT^2 é a distância temporal. Na p. 89 Russell dá um exemplo ótimo. Há dois eventos, sendo E_1: Londres, 10h; e E_2: Edimburgo, 18h30. No primeiro caso, faz-se o caminho de trem; no segundo, num raio de luz. No segundo caso, a distância percorrida é muito maior, e o tempo próprio é zero. Logo, o intervalo é máximo. Daí a geodésica ser o maior intervalo entre dois eventos. A palavra "caminho" engana o leitor, porque não se trata de um caminho espacial, mas espaço-temporal. (N.R.T.)

ensina a não fazer inferências. Animais e crianças têm enorme propensão a fazer inferências: um cavalo fica terrivelmente surpreso quando tomamos uma direção inusitada. Quando os homens começaram a racionar, tentaram justificar as inferências que haviam feito, sem pensar, em tempos anteriores. Muita má filosofia e má ciência resultaram dessa tendência. "Grandes princípios", como o da "uniformidade da natureza", a "lei da causalidade universal", e assim por diante, são tentativas de sustentar nossa crença de que aquilo que aconteceu muitas vezes antes acontecerá de novo, crença que não é mais bem fundada que a do cavalo que acredita que você vai tomar a direção costumeira. Não é muito fácil antever o que substituirá esses pseudoprincípios na prática da ciência, mas talvez a teoria da relatividade nos forneça um vislumbre do tipo de coisa que podemos esperar. A causalidade, no sentido antigo, não tem mais lugar na física teórica. Há, é claro, alguma outra coisa que toma o seu lugar, mas o substituto parece ter uma fundamentação empírica melhor que o velho princípio que suplantou.

A derrocada da noção de um tempo que tudo abrange, em que todos os eventos que ocorrem em todo o universo podem ser datados, deverá acabar afetando nossas ideias de causa e efeito, evolução e muitos outros assuntos. Por exemplo, a questão de haver ou não progresso no universo, tomado como um todo, pode depender da medida de tempo que escolhermos. Se escolhermos um tempo de vários relógios igualmente bons, poderemos julgar que o universo está progredindo tão rapidamente quanto pensa o mais otimista dos norte-americanos; se escolhermos outro igualmente bom, poderemos concluir que o universo está indo de mal a pior, como o faria o mais melancólico dos eslavos. Assim, otimismo e pessimismo não são verdadeiros nem falsos, dependem simplesmente da escolha de relógios.

O efeito disso sobre um certo tipo de emoção é devastador. O poeta fala de

Um evento divino remoto
Rumo ao qual se move toda a criação[28]

---

[28] *One far-off divine event / To which the whole creation moves.* Os versos são de Alfred Tennyson, em *In Memoriam* (1850). (N.T.)

Mas se o evento for suficientemente remoto, e se a criação se mover rápido o bastante, algumas partes julgarão que o evento já aconteceu, enquanto outras irão achar que ainda está no futuro. Isso estraga a poesia. O segundo verso deveria ser:

Rumo ao qual algumas partes da criação se movem, enquanto outras dele se afastam.

Mas isso não funciona. Sugiro que uma emoção que pode ser destruída por um pouco de matemática não é nem muito genuína nem muito valiosa. Mas essa linha de argumentação levaria a uma crítica da era vitoriana que escapa ao meu tema.

O que conhecemos sobre o mundo físico, repito, é muito mais abstrato que anteriormente se supunha. Entre corpos há ocorrências, como raios de luz; sabemos alguma coisa sobre as *leis* que regem essas ocorrências — exatamente o tanto que pode ser expresso em fórmulas matemáticas —, mas sobre a natureza delas, nada sabemos. A respeito dos próprios corpos, como vimos no capítulo anterior, sabemos tão pouco que sequer podemos ter certeza de que eles são alguma coisa: talvez sejam meramente grupos de eventos em outros lugares, aqueles eventos que tenderíamos a ver como seus efeitos. Interpretamos o mundo, naturalmente, de maneira pictórica, isto é, imaginamos que o que acontece é mais ou menos como o que vemos. Mas de fato essa semelhança pode se estender apenas a certas propriedades lógicas formais que expressam estrutura, de modo que tudo que podemos conhecer são certas características gerais das mudanças da estrutura. Talvez uma ilustração possa tornar isso claro. Entre uma peça de música orquestral tocada e a mesma peça de música impressa na partitura há certa semelhança, que pode ser descrita como uma semelhança de estrutura. A semelhança é de tal tipo que, desde que conheça as regras, você pode inferir a música com base na partitura ou a partitura com base na música. Mas suponha que você seja completamente surdo de nascença, embora tenha vivido entre pessoas musicais. Você seria capaz de compreender, se tivesse aprendido a falar e a fazer leitura labial, que as partituras musicais representam algo muito diferente de si mesmas em qualidade intrínseca, embora semelhante em estrutura.[29] O valor da música seria completamente inimaginável para você, mas você seria capaz de inferir todas as suas características matemáticas, uma vez que elas são as mesmas que as da partitura. Nosso conhecimento da natureza se parece com isso. Podemos ler as partituras e inferir exatamente tanto quanto um surdo de nascença teria podido inferir sobre música. Mas não gozamos da vantagem de estar ligados a pessoas musicais. Não podemos saber se a música representada pelas partituras é linda ou medonha; talvez, em última análise, não possamos sequer ter certeza de que as partituras representem alguma coisa além de si mesmas. Mas esta é uma dúvida que o físico, em sua condição de profissional, não pode alimentar.

Admitindo o máximo que pode ser reivindicado para a física, ela não nos diz o que muda, ou quais são seus vários estados; diz-nos apenas coisas como: as mudanças se seguem umas às outras periodicamente, ou se espalham com uma certa velocidade. Mesmo agora, provavelmente ainda não concluímos o processo de remover o que não passa de imaginação, para poder chegar ao âmago do verdadeiro conhecimento científico. A teoria da relatividade fez muito a esse respeito, e com isso nos aproximou cada vez mais da estrutura nua, que é a meta dos matemáticos — não por ser a única coisa que os interessa como seres humanos, mas por ser a única coisa que eles podem expressar em fórmulas matemáticas. Porém, por mais que tenhamos viajado na direção da abstração, é possível que tenhamos de ir ainda mais longe.

No capítulo anterior, sugeri o que pode ser chamado de uma definição mínima de matéria, isto é, uma definição em que ela tem, por assim dizer, tão pouca "substância" quanto é compatível com a verdade da física. Ao adotar uma definição desse tipo, estamos evitando correr riscos: nossa tênue matéria existirá mesmo que alguma coisa mais substancial também exista. Tentamos tornar nossa definição de matéria, como o mingau de Isabelle em Jane Austen,[30] "ralo, mas não

---

[29] Para a definição de "estrutura", veja *Introduction to Mathematical Philosophy*, do presente autor.

[30] Isabella é personagem do romance *Emma*. (N.T.)

ralo demais". Cometeremos um erro, contudo, se afirmarmos positivamente que a matéria nada é além disso. Leibniz pensava que um pedaço de matéria era na realidade uma colônia de almas. Não há nada que mostre estar ele errado, embora também nada mostre que estava certo: não sabemos mais sobre uma coisa ou outra do que sobre a flora e a fauna de Marte.

Para a mente não matemática, o caráter abstrato de nosso conhecimento físico pode parecer insatisfatório. De um ponto de vista artístico ou imaginário, isso talvez seja lamentável, mas de um ponto de vista prático, não tem consequências. A abstração, por difícil que seja, é fonte de poder prático. Um investidor, que lida com o mundo de maneira mais abstrata que qualquer outra pessoa "prática", é também mais poderoso que qualquer outra pessoa prática. Investidores podem lidar com trigo ou algodão sem precisar nunca ter visto uma coisa nem outra: precisam saber apenas se seu preço vai subir ou baixar. Isso é conhecimento matemático abstrato, pelo menos em comparação com o conhecimento do agricultor. Assim também, o físico, que nada sabe sobre a matéria a não ser certas leis de seus movimentos, sabe no entanto o bastante para ser capaz de manipulá-la. Após lidar com linhas inteiras de equações, em que os símbolos representam coisas cuja natureza intrínseca nunca poderemos conhecer, o físico chega finalmente a um resultado que pode ser interpretado em termos de nossas próprias percepções e utilizado para produzir efeitos desejados em nossas próprias vidas. O que sabemos sobre a matéria, por mais abstrato e esquemático que seja, é o bastante, em princípio, para nos revelar as regras segundo as quais ela produz percepções e sensações em nós; é dessas regras que os usos *práticos* da física dependem.

A conclusão final é que, embora saibamos muito pouco, é assombroso que saibamos tanto, e ainda mais assombroso que tão pouco conhecimento possa nos dar tanto poder.

DIREÇÃO EDITORIAL
Daniele Cajueiro

EDITORA RESPONSÁVEL
Ana Carla Sousa

PRODUÇÃO EDITORIAL
Adriana Torres
Laiane Flores
Mariana Oliveira

REVISÃO
Perla Serafim

REVISÃO TÉCNICA
Alexandre Cherman

DIAGRAMAÇÃO
Henrique Diniz

Este livro foi impresso em 2023,
pela Vozes, para a Nova Fronteira.